YANG Xiaoping

Geomorphologische Untersuchungen
in Trockenräumen NW-Chinas
unter besonderer Berücksichtigung von
Badanjilin und Takelamagan

GÖTTINGER GEOGRAPHISCHE ABHANDLUNGEN

Herausgegeben vom Vorstand des Geographischen Instituts
der Universität Göttingen
Schriftleitung: Karl-Heinz Pörtge

Heft 96

YANG Xiaoping

Geomorphologische Untersuchungen in Trockenräumen NW-Chinas unter besonderer Berücksichtigung von Badanjilin und Takelamagan

Mit 61 Abbildungen, 18 Tabellen

1991

Verlag Erich Goltze GmbH & Co. KG, Göttingen

ISSN 0341-3780
ISBN 3-88452-096-2

Druck: Erich Goltze GmbH & Co. KG, Göttingen

Vorwort

Die vorliegende Studie basiert auf Geländeuntersuchungen während zweier chinesisch-deutscher Expeditionen (Kunlun - Takelamagan 1986; Qilian - Badanjilin 1988) unter Leitung von Prof. ZHU Zhenda und Prof. D. Jäkel. Die Auswertung erfolgte anschließend in Lanzhou 1986 und 1987 und in Göttingen 1988 bis 1991.

Mein besonderer Dank gilt Herrn Prof. Dr. J. Hövermann sowohl für die Anregungen und Hinweise in Diskussionen und Gesprächen während der Expeditionen als auch für die Möglichkeit zum Studium in Göttingen und die damit verbundenen wertvollen Anleitungen, Betreuungen und Unterstützungen. Weiterhin danke ich Herrn Prof. Dr. J. Spönemann für sein stetiges Interesse am Fortgang der Arbeit und für sehr hilfreiche Vorschläge.

Für die Ermöglichung dieser Studie geht mein herzlicher Dank an Herrn Prof. ZHU Zhenda, der als Direktor des Institutes für Wüstenforschung der Academia Sinica in Lanzhou in Vorwegnahme gegenwärtiger bildungswissenschaftlicher Forderungen gerade jüngere Wissenschaftler mit eigenverantwortlicher Arbeit in das Forschungsprogramm eingegliedert hat. Bei den Laborarbeiten wurde ich unterstützt von Herrn Senior-Ing. DAI Fengnian, Herrn Senior-Ing. SONG Jingxi, Frau Ing. ZHANG Huanxin, Herrn Ing. KANG Guoding, Frau SONG Waijia und Frau Dr. ZHANG Minli am Institut für Wüstenforschung der Academia Sinica in Lanzhou. Ihnen sei an dieser Stelle vielmals gedankt.

Für die Hilfestellung danke ich dem Geographischen Institut der Universität Göttingen, besonders Herrn Dr. K.-H. Pörtge und Frau A. Kunzke, sowie der Gesellschaft für wissenschaftliche Datenverarbeitung in Göttingen. Meinen Freunden M. Frede, S. Reinecke und J. Böhner sowie Frau A. Buriks-Fluche, Frau U. Maurer und Herrn K.-T. Rost danke ich für das Korrekturlesen, den Herren Dr. N. Rother, D. Jesper, E. Mönkeberg, G. Koch, J. Hattenbach und Dr. B. Cyffka für Hinweise bei der EDV.

In gewissem Sinne ist die Studie ein Gemeinschaftswerk, sie wäre nicht zustandegekommen ohne die zahlreichen Gespräche mit Kollegen und Mitgliedern der Expeditionen. Die erfolgreiche Durchführung der Geländearbeiten wurde durch die Hilfsbereitschaft der Expeditionsmitglieder und der einheimischen Bevölkerung sichergestellt.

Meine Teilnahme an der Qilian - Badanjilin Expedition wurde durch die finanzielle Unterstützung aus privaten Mitteln von Herrn Prof. Dr. Hövermann ermöglicht. Dafür danke ich ihm besonders sowie seiner Gattin, Frau E. Hövermann, die mir auch beim Korrekturlesen geholfen hat.

Für die Aufnahme der Arbeit in die Reihe der Göttinger Geographischen Abhandlungen danke ich den Herausgebern und dem Schriftleiter, den Herren E. Höfer und F. Sailer für die Überarbeitung und Umsetzung der Abbildungen zu druckfertigen Vorlagen, Frau J. Strand für die unentbehrliche Hilfe bei der Übersetzung der englischen Zusammenfassung und Frau H. Wintermeier und Herrn P. Guichemer für die Anfertigung der französischen Zusammenfassung.

Mein besonderer Dank gilt schließlich meinen Eltern, die mich während meines gesamten Studiums gefördert haben und meiner Frau für ihre geduldige Unterstützung.

YANG Xiaoping

Inhaltsverzeichnis

1 Einführung und Zielsetzung   **1**

2 Die Wüste Badanjilin   **3**
- 2.1 Physiogeographischer Überblick 3
  - 2.1.1 Lage 3
  - 2.1.2 Klima 3
  - 2.1.3 Geologie 8
  - 2.1.4 Vegetation 9
- 2.2 Morphologische Landschaftstypen 11
  - 2.2.1 Aerodynamisches Relief 11
  - 2.2.2 Vorzeitliche Seeböden (Playas) 16
  - 2.2.3 Sandschwemmebenen 20
  - 2.2.4 Gebirgsbereiche 22
  - 2.2.5 Pedimente 23
- 2.3 Sedimentologische Untersuchungen 24
  - 2.3.1 Granulometrie 24
  - 2.3.2 Schwermineralanalyse 25
  - 2.3.3 Mikrostruktur der Kornoberflächen 27
- 2.4 Interpretation der Analyseergebnisse 32
  - 2.4.1 Dynamik 32
  - 2.4.2 Sandquellen 34
  - 2.4.3 Veränderung der Umweltbedingungen 36

3 Die Wüste Takelamagan   **37**
- 3.1 Physiogeographischer Überblick 37
  - 3.1.1 Lage 37
  - 3.1.2 Klima 37
  - 3.1.3 Geologie 46
  - 3.1.4 Vegetation 49
- 3.2 Morphologische Landschaftstypen 50
  - 3.2.1 Aerodynamisches Relief 50
  - 3.2.2 Bereich der Sandschwemmebenen 55
  - 3.2.3 Löß- und sandbedecktes Hügelland 57
  - 3.2.4 Nivale und glaziale Höhenstufe 59
- 3.3 Sedimentologische Untersuchungen 60
  - 3.3.1 Granulometrie 60
  - 3.3.2 Schwermineralanalyse 67

		3.3.3	Mikrostruktur der Kornoberflächen	71
	3.4	Interpretation der Analyseergebnisse		77
		3.4.1	Dynamik	77
		3.4.2	Sandquellen	80
		3.4.3	Veränderung der Umweltbedingungen	81

4 Die Merkmale und Besonderheiten von Takelamagan und Badanjilin   88

	4.1	Substrate der äolischen Formen		88
		4.1.1	Granulometrie	88
		4.1.2	Schwermineralien	89
		4.1.3	Mikrostruktur der Kornoberfläche	91
	4.2	Geomorphologische Formungsprozesse und regionale Faktoren		92

5 Zusammenfassung und Schlußbetrachtung   95

6 Summary   101

7 Résumé   106

8 Chinesische Zusammenfassung   108

9 Literaturverzeichnis   114

Abbildungsverzeichnis

Abb. 1: Die Lage der Untersuchungsgebiete 1
Abb. 2: Durchschnittlicher Luftdruck und Winde im Januar 4
Abb. 3: Durchschnittlicher Luftdruck und Winde im Juli 4
Abb. 4: Morphologische Einheiten der Badanjilin
mit im Text erwähnten Lokationen 5
Abb. 5: Prozentualer Anteil von Sandstürmen
an den Hauptwindrichtungen in der Badanjilin 6
Abb. 6: Relative Variabilität des Niederschlages in Ejina 7
Abb. 7: Südostseite des Yabulai-Shan mit starker Hangneigung 9
Abb. 8: Vegetationskarte der Badanjilin 10
Abb. 9: Megadünen in der Badanjilin 12
Abb. 10: Die Aufsicht einer Sterndüne in der Badanjilin 13
Abb. 11: Granitgneis an einer 270 m hohen Düne in der Badanjilin 13
Abb. 12: Die Verteilung der Dünenformen in der Badanjilin-Wüste 14

Abb. 13: Salzwassersee in der Badanjilin 15
Abb. 14: Landschaftsprofil zwischen Dünenzügen der Badanjilin 16
Abb. 15: Die Terrasse am Rand des Guizihu 17
Abb. 16: Ausgetrockeneter Seeboden am Südrand des Kashunnuer
  mit starker Deflation 18
Abb. 17: Die Veränderung der Seen in historischer Zeit
  (Jüyanze, Kashunnuer und Sugunuer) 19
Abb. 18: Vorzeitlicher Seeboden am Nordrand der Badanjilin 20
Abb. 19: Sandschwemmebene an der Westseite des Yabulai-Shan 21
Abb. 20: Dünen am Yabulai-Shan 22
Abb. 21: Pedimente südlich von Yagan 24
Abb. 22: Ergebnisse der schwermineralogischen Analysen
  der Sande aus der Badanjilin 27
Abb. 23: Mattierung eines Sandkornes aus der Badanjilin 29
Abb. 24: Tellerartige und barchanartige Gruben an der Oberfläche
  der Sandkörner (Badanjilin) 30
Abb. 25: Plättchen aus Kieselsäure auf der Oberfläche
  der Sandkörner (Badanjilin) 30
Abb. 26: Runde Kornformen mit gut entwickelter Mattierung
  auf der Oberfläche der Körner (Badanjilin) 31
Abb. 27: Tafoniartige Formen im Granit am westlichen Fuß
  des Yabulai-Shan 34
Abb. 28: Erosionsrillen an der Westseite des Yabulai-Shan 35
Abb. 29: Tarimbecken und Umgebung 38
Abb. 30: Die durchschnittlichen Luftströmungen in 1.5 km Höhe
  über dem Tarimbecken im Januar 39
Abb. 31: Die durchschnittlichen Luftströmungen in 1.5 km Höhe
  über dem Tarimbecken im Juli 39
Abb. 32: Windrosen vom Nord- und Südrand der Takelamagan 41
Abb. 33: Prozentualer Anteil von Sandstürmen
  an den Hauptwindrichtungen am Rand der Takelamagan 41
Abb. 34: Relative Variabilität des Niederschlages am Ostrand
  der Takelamagan 43
Abb. 35: Morphologische Einheiten im Bereich des Keriya-He
  (Takelamagan) 51
Abb. 36: Die Dünenlandschaft in der Takelamagan 53
Abb. 37: Landschaftsprofil am Unterlauf des Keriya-He bei Kekelike 54
Abb. 38: Die Schwemmfächer als Basis der aktuellen Sandschwemm-
  ebenen-Bildung, nördlich von Yütian 55
Abb. 39: Aufschlußprofile aus dem Bereich der Sandschwemmebene
  (Takelamagan) 56

Abb. 40: Löß- und sandbedecktes Hügelland bei Pulu 57
Abb. 41: Basaltlagen in Lockersedimenten des Gebirgsvorlandes
südlich von Pulu 58
Abb. 42: Landschaftsprofil am Oberlauf des Keriya-He bei Pulu 59
Abb. 43: Beispiele vom Nivationstrichtern (schematisch)
südlich von Pulu am Kunlun-Shan 60
Abb. 44: Die Korngrößenzusammensetzung der verschiedenen Proben
aus dem Bereich des Keriya-He 64
Abb. 45: Querprofil durch eine Düne bei Ateyilahe (Takelamagan)
und die sedimentologischen Veränderungen 65
Abb. 46: Die Veränderung der mittleren Korngröße
der äolischen Sedimente im Bereich des Keriya-He 67
Abb. 47: Ergebnisse der schwermineralogischen Analysen der Sande
aus dem Bereich des Keriya-He 68
Abb. 48: Die Mattierung auf der Oberfläche von Quarzkörnern
aus den Takelamagan-Sanden 71
Abb. 49: Tellerartige Gruben auf der Oberfläche eines Quarzkornes
aus den Takelamagan-Sanden 72
Abb. 50: Tröge auf der Oberfläche eines Quarzkornes
aus den Takelamagan-Sanden 73
Abb. 51: Muschelige Brüche und V-förmige Einkerbungen
auf der Oberfläche eines Quarzkornes (Takelamagan) 73
Abb. 52: Kieselsäureplättchen auf der Oberfläche eines Quarzkornes
aus den Takelamagan-Sanden 74
Abb. 53: Lösungsstrukturen auf der Oberfläche eines Quarzkornes
aus den Takelamagan-Sanden 75
Abb. 54: Lamellenstrukturen auf der Oberfläche eines Quarzkornes
aus den Takelamagan-Sanden 75
Abb. 55: Schlecht gerundete Quarzkörner der Takelamagan 76
Abb. 56: Ein Sandkeil südlich von Cele 78
Abb. 57: Schematische Darstellung des Materialkreislaufes
im Bereich des Keriya-He 79
Abb. 58: Die abrupte Trennung zwischen lößbedecktem Hügelland
und lößfreiem Felsgebirge 81
Abb. 59: Die altäolische Sandablagerung 50 km südlich von Ruoqiang 83
Abb. 60: Die Verlegung der Verkehrswege am Südrand der Takelamagan 87
Abb. 61: Die Zeiten mit Hinweisen auf feuchtere Klimabedingungen
in den Untersuchungsgebieten 93

Tabellenverzeichnis

Tab. 1: Monats- und Jahresmittel der Windgeschwindigkeit
und dominierende Windrichtung in Bayan Mod 6
Tab. 2: Durchschnittlicher Niederschlag in Bayan Mod 7
Tab. 3: Die durchschnittlichen und extremen Temperaturen
am Rand der Badanjilin-Wüste 8
Tab. 4: Die Textur der Seesedimente (Badanjilin) 17
Tab. 5: Korngrößenparameter der Sedimentproben (Badanjilin) 25
Tab. 6: Die Schwermineralzusammensetzung
in den Proben der Badanjilin 26
Tab. 7: Durchschnittliche Häufigkeit der Lufttrübung
durch Sand und Staub in der Takelamagan 39
Tab. 8: Monats- und Jahresmittel der Windgeschwindigkeit
und dominierende Windrichtung in Ruoqiang 40
Tab. 9: Monats- und Jahresmittel der Windgeschwindigkeit
und dominierende Windrichtung in Hotan 40
Tab. 10: Durchschnittlicher Jahresniederschlag
im Randbereich der Takelamagan 42
Tab. 11: Durchschnittlicher Niederschlag in Ruoqiang 43
Tab. 12: Durchschnittlicher Niederschlag in Hotan 44
Tab. 13: Monats- und Jahresmittel der Temperatur
in Ruoqiang und Hotan 45
Tab. 14: Die durchschnittlichen Temperaturen
am Rand der Takelamagan 45
Tab. 15: Die Mittelwerte der relativen Luftfeuchtigkeit
in Ruoqiang und Hotan 46
Tab. 16: Korngrößenparameter der Sedimentproben (Takelamagan) 62-63
Tab. 17: Die Schwermineralzusammensetzung
in den Proben der Takelamagan 69
Tab. 18: Die Bevölkerungszahl in den damaligen Oasen 85

1 Einführung und Zielsetzung

Der aride und semiaride Raum nimmt ein Drittel der gesamten chinesischen Landoberfläche ein. Nach der chinesischen Wüstenkarte, die anhand von Feldbeobachtungen und Luftbildauswertungen angefertigt wurde, gibt es 1 308 000 km^2 Dünenwüsten, Schutt- und Felswüsten und desertifizierte Flächen (ZHU Zhenda et al. 1980). Die Wüsten befinden sich überwiegend (zu 90 %) im Nordwesten. Nach der Terminologie chinesischer Geomorphologen werden die Dünenwüsten als *Shamo*, die Schutt- und Felswüsten als *Gobi* und die desertifizierten Regionen als *Shamohuatudi* bezeichnet. Die Takelamagan[1]-Wüste ist die größte Wüste, danach folgen die Guerbantonggute-Wüste und die Badanjilin-Wüste (vgl. Abb. 1[2]). Manche Wüsten, z. B. die Takelamagan und Guerbantonggute, befinden sich in tiefen Beckenbereichen und sind von Gebirgen umschlossen, andere, beispielsweise die Badanjilin und die Maowusu, liegen auf einem Plateau und werden von der Umgebung durch tiefere Geländeteile isoliert. Die Takelamagan besteht im wesentlichen aus Dünenfeldern, in der Badanjilin gibt es zusammenhängende Dünenfelder. In dieser Arbeit sollen Unterschiede bzw. Übereinstimmungen zwischen der Badanjilin und der Takelamagan behandelt werden.

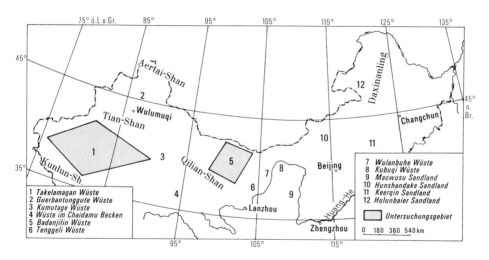

Abb. 1:
Die Lage der Untersuchungsgebiete

Eine Beschreibung der Takelamagan erschien schon vor 2 000 Jahren im Han-Handbuch. HEDIN (1899, 1903, 1904) hat nach seiner abenteuerlichen Reise die

---

[1] Die Namen folgen der neuen chinesischen Benennung bzw. Umschrift (Pinyin). Nach der alten Schreibweise wurde die Takelamagan oft Takla Markan, Taklimakan oder Taklamakan geschrieben. Die Badanjilin wurde auch häufig Badan Jirin oder Badain Jaran genannt.

[2] Soweit nicht anders angegeben, wurden alle Figuren und Photographien vom Verfasser entworfen bzw. aufgenommen.

Oberflächenerscheinungen beschrieben. ZHU Zhenda (1963) beobachtete Dünenentstehungen und -veränderungen im Südwesten der Takelamagan. Die Bewegung der Dünen erfolgt durch Deflation im Luv und Akkumulation im Lee. Die Wanderungsgeschwindigkeit der Dünen erreicht südwestlich von Pishan 40 - 80 m/Jahr. ZHU Zhenda et al. (1981) haben Dünenformen und Dünenbewegungen in der ganzen Takelamagan untersucht (mit Erstellung einer Karte der Dünenformen).

In der Badanjilin kommen die höchsten Dünen aller chinesischen Wüsten vor. Die früheren Forschungen konzentrierten sich deswegen hauptsächlich auf die Dünen. Grundlegende Arbeiten über die physische Geographie der Badanjilin stammen von LU Tunmao et al. (1962) und TAN Jianan (1964). ZHU Zhenda et al. (1980) haben einen zusammenfassenden Überblick der chinesischen Dünenwüsten gegeben. Eine systematische geomorphologische Untersuchung ist weder für die Takelamagan noch für die Badanjilin durchgeführt worden.

Die vorliegende Studie geomorphologischer Untersuchungen in Trockenräumen NW-Chinas hat im einzelnen folgende Problemstellungen:

- Feststellung und Abgrenzung der geomorphologischen Landschaftstypen im Bereich der Badanjilin und der Takelamagan. Hier wurden nicht nur die Dünenfelder, sondern auch die Randregionen des Dünenfeldes in die Untersuchungen miteinbezogen. Die Begriffe „aerodynamisches Relief", „Pediment" und „Sandschwemmebene" werden in Anlehnung an HÖVERMANN (1985) verwendet.

- Ermittlung der Beschaffenheit der Wüstensande. Dabei wurden die Proben nach verschiedenen Methoden analysiert. Neben den Geländebeobachtungen wurden Proben in Hinsicht auf Textur, Schwermineralienzusammensetzung und Mikrooberflächenstruktur (mit dem Elektronenmikroskop) im Labor untersucht. Es wurde versucht, räumliche Unterschiede in der Beschaffenheit der Sande in den beiden Wüsten (Badanjilin und Takelamagan) herauszufinden, und die Morphodynamik und die Herkunft des Wüstensandes abzuleiten.

- Darstellung der Umweltveränderung in den beiden Wüstengebieten, insbesondere in historischer Zeit.

- Darlegung der Merkmale und Besonderheiten der beiden Wüsten (Badanjilin und Takelamagan).

- Beantwortung der Frage nach den Charakteristiken der chinesischen Wüsten im globalen Überblick.

Die Feldarbeiten wurden während der ersten chinesisch-deutschen Kunlun-Takelamagan Expedition 1986[3] und der ersten chinesisch-deutschen Qilian-Shan-Badanjilin

---

[3] Diese Expedition fand in den Monaten September, Oktober und November 1986 statt. Beteiligt waren auf deutscher Seite Frau Prof. Dr. H. Besler (Köln), Frau E. Hövermann, Prof. Dr. J. Hövermann (Göttingen), Herr J. Hofmann und Prof. Dr. D. Jäkel (Berlin), auf chinesischer Seite das Institut für Wüstenforschung der Academia Sinica in Lanzhou mit 23 Personen unter der Leitung von Prof. ZHU Zhenda.

Expedition 1988[4] durchgeführt. Nach Beendigung der Expedition 1986 machte ich eine zusätzliche Forschungsreise um die Takelamagan herum. Die Expeditionen konnten dank der guten Organisation bis ins Zentrum der beiden Wüsten und auf das höchste Niveau des Kunlun-Shan sowie des Qilian-Shan ausgedehnt werden. Dabei hatte ich die Gelegenheit, beide Wüsten von ihren südlichen Randgebirgen bis ins Zentrum der Dünenfelder zu untersuchen.

2 Die Wüste Badanjilin

2.1 Physiogeographischer Überblick

2.1.1 Lage

Die Sandwüste Badanjilin[5] liegt im Alashan Hochland zwischen $39°20'$N und $42°$N sowie $99°48'$E und $104°14'$E und wird im Süden und Osten vom Beida-Shan[6] und dem Yabulai-Shan begrenzt. Die nördliche und westliche Grenze bilden vorzeitliche Seeböden (s. Abb. 1 und Abb. 4). Die Sandwüste bedeckt eine Fläche von 44 300 km^2. Das Gebiet gehört zur Autonomen Region Innere Mongolei und umfaßt im wesentlichen die Verwaltungseinheiten Ejina und Alashan West (vgl. Abb. 4). In dieser Arbeit werden auch die Randbereiche der Kernwüste mit einbezogen. In dem Gebiet gibt es keine Verkehrssysteme.

2.1.2 Klima

Im Rahmen der Reliefentwicklung ist der Wind in dem Untersuchungsraum der wichtigste klimatische Faktor. Es gibt nur einige Klimastationen am Rand der Sandwüste.

2.1.2.1 Luftdruck und Windsystem

Der Luftdruck (reduziert auf Meeresniveau) weist im Sommer stets weniger als 1 000 hPa bei einem Minimum im Juli und im Winter mehr als 1 035 hPa bei einem Maximum im Januar, also einen ausgeprägten Jahresgang auf.

Während der Wintermonate liegt die Badanjilin im Einflußbereich eines kräftig entwickelten Hochdruckgebietes über Mittel-Sibirien und der Mongolei einerseits und einer Zyklone über dem Nordwest-Pazifik andererseits und kommt dadurch unter den Einfluß kontinental-trockener und kalt-polarer Luftmassen (s. Abb. 2).

---

[4] Diese Expedition erfolgte in den Monaten August, September und Oktober 1988. Beteiligt waren auf deutscher Seite Frau E. Hövermann, Prof. Dr. J. Hövermann (Göttingen), Prof. Dr. D. Jäkel (Berlin), und Dr. F. Lehmkuhl (Göttingen), auf chinesischer Seite Prof. ZHU Zhenda und weitere 14 Mitarbeiter und Mitarbeiterinnen des Institutes für Wüstenforschung der Academia Sinica in Lanzhou

Die Leitung der beiden Expeditionen hatten auf chinesischer Seite: Prof. ZHU Zhenda; auf deutscher Seite: Prof. Dr. D. Jäkel.

[5] In China steht der Begriff Badanjilin nur für die Sandwüste des westlichen Alashan.

[6] „Shan" bedeutet im Chinesischen Berg und Gebirge

Die sommerliche Verschiebung der nordasiatischen und pazifischen Aktionszentren sowie die Ausbildung einer stabilen Zyklone über dem nordwest-indisch-pakistanischen Raum führt zu vorherrschend südöstlichen Winden. Die Badanjilin unterliegt dadurch dem Einfluß tropisch-pazifischer Luftmassen (s. Abb. 3).

Zur Erläuterung der oben aufgeführten Wetterlagen können die Werte der Station Ejina (vgl. Abb. 4) als repräsentativ für das Untersuchungsgebiet angesehen werden. Die stärksten Windgeschwindigkeiten, mit vorherrschender Windrichtung WNW, treten im meteorologischen Winterhalbjahr auf (Dez-Feb: 3.6 m/sec; März-Mai: 4.6 m/sec). Für das Sommerhalbjahr werden in der angegebenen Literatur keine Werte genannt. An durchschnittlich 60 Tagen des Jahres beträgt die Windgeschwindigkeit über 20 m/s. An durchschnitlich 99 Tagen kann eine Trübung durch Sand und Staub beobachtet werden (nach CHEN Lunhen et al. 1986). Die für das Untersuchungsgebiet charakteristischen Sandstürme konnten auch von mir während der chinesisch-deutschen Gemeinschaftsexpedition am 28. und 29. September 1988 in Guizihu (vgl. Abb. 4) beobachtet werden. Die Sandstürme waren so stark, daß Geländearbeiten nicht möglich waren.

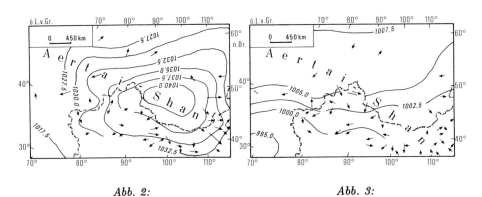

Abb. 2: Abb. 3:
Durchschnittlicher Luftdruck und Winde im Januar (Abb. 2) und im Juli (Abb. 3) in NW-China (hPa, reduziert auf Meeresniveau, aus ZHANG Jiacheng & LIN Zhiquang 1985)

Generell läßt sich sagen, daß Sandstürme in den westchinesischen Wüsten häufiger auftreten als in der Sahara. Nach HAGEDORN (1971) treten in Faya-Largeau (Tschad, Nordafrika) im Mittel an 70 Tagen im Jahr Sandstürme auf. Dieser Wert ist der bis 1971 höchste gemessene Wert in der Sahara.

Das Relief modifiziert die Windrichtungen, so daß im Bereich des Alashan-Hochlandes westliche Winde vorherrschen. Die skizzierten Großwetterlagen werden außerdem durch lokale Zirkulationsmechanismen überlagert, so daß sich die in Tab. 1 und Abb. 5 aufgeführten Windrichtungen ergeben.

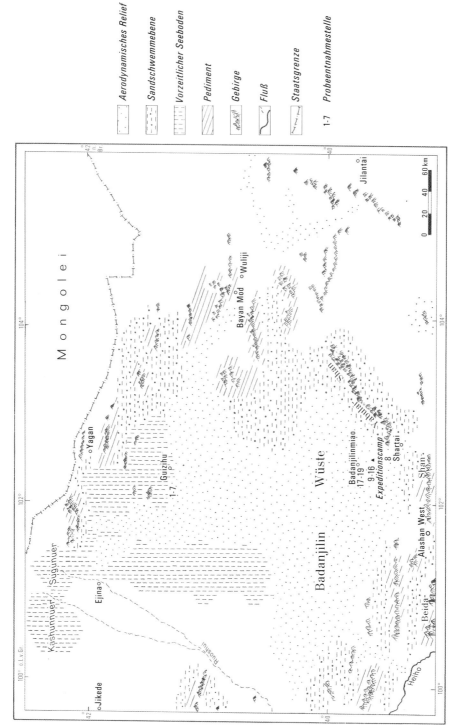

Abb. 4: Morphologische Einheiten der Badanjilin mit im Text erwähnten Lokationen

Tab. 1:
Monats- und Jahresmittel der Windgeschwindigkeit (m/s) und dominierende Windrichtung in Bayan Mod (vgl. Abb. 4, aus DOMRÖS & PENG 1988)

Monat	J	F	M	A	M	J	J	A
Geschwindigkeit	3.7	3.7	4.3	4.7	4.7	4.3	4.0	3.8
Richtung	W	WNW	WNW	WNW	W	W	W	NE

Monat	S	O	N	D	Jahr
Geschwindigkeit	3.5	3.4	3.9	3.7	4.0
Richtung	W	W	W	W	W

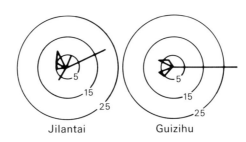

Abb. 5:
Prozentualer Anteil von Sandstürmen ($\geq$ 6 m/s) an den Hauptwindrichtungen in der Badanjilin 1961 - 70 (aus GEN Kuanhong 1986, Darstellung geändert)

2.1.2.2 Niederschlag

Der Niederschlag nimmt von Südosten nach Nordwesten ab (Jilantai: 100 mm, Jikede: 50 mm; vgl. Abb. 4). Im Hydrogeologischen Atlas der VR China (Institut für Hydrogeologie und Ingenieurgeologie, Peking 1979, S. 4) liegt die Badanjilin Wüste im Bereich zwischen 50 und 100 mm Jahresniederschlag.

Die Wetterstation Guizihu (vgl. Abb. 4) besteht seit 1959. Während der Kulturrevolution (1966 - 1976) war sie außer Betrieb. Für die 20-jährige Beobachtungsperiode ermittelte man einen durchschnittlichen Jahresniederschlag von 47.2 mm, bei einem Maximum von 110 mm und einem Minimum von 12 mm[7]. Die angegebenen Werte verdeutlichen bereits die für das Untersuchungsgebiet typische hohe Niederschlagsvariabilität (vgl. auch Abb. 6). Der Jahresgang (s. Tab. 2) weist die Region als Sommerregengebiet aus. 85 - 95 % des gesamten Niederschlages fallen im hydrologischen Sommerhalbjahr.

---

[7] nach Anfrage in der Wetterstation Guizihu 1988

Tab. 2:
Durchschnittlicher Niederschlag (mm) in Bayan Mod 1951-80 (aus DOMRÖS & PENG 1988)

J	F	M	A	M	J	J	A	S	O	N	D	Total
0.7	0.5	2	4	7	13	28	28	10	4	2	0.6	99.8

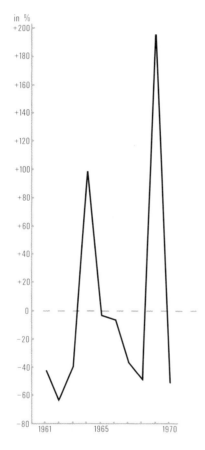

Abb. 6:
Relative Variabilität des Niederschlages in Ejina 1961 - 1970, Mittlerer Niederschag 37.9 mm (aus GEN Kuanhong 1986; vgl. Abb. 4)

Für die Abflußmenge der Flüsse ist der Niederschlag im Westen der Badanjilin unbedeutend. Der Ejina-He[8] muß als Fremdlingsfluß bezeichnet werden. Seine Was-

---
[8] „He" bedeutet in der chinesischen Sprache Fluß.

serführung wie die aller zum Binnenland gerichteten Flüsse wird überwiegend durch die Schneeschmelze des Qilian-Shan gespeist.

2.1.2.3 Temperatur

Die thermischen Verhältnisse des Untersuchungsgebietes können der folgenden Tabelle (Tab. 3) entnommen werden. Jahresamplitude und Variationsbreite der absoluten Extreme weisen für das Gebiet hochkontinentale Bedingungen aus.

Tab. 3:
Die durchschnittlichen und extremen Temperaturen (^0C) am Rand der Badanjilin-Wüste (nach CHEN Lunhen et al. 1986, DOMRÖS & PENG 1988)

Station	Jahr	Januar	Juli	abs. Max.	abs. Min.
Ejina	8.2	-12.5	26.2	41.4	-35.3
Guizihu	8.4	-11.9	26.4	43.1	-32.4
Jikede	8.5	-11.7	26.3	42.2	-37.6
Bayan Mod	6.8	-12.1	23.6	38	-31.7

2.1.3 Geologie

Im tektonisch-geomorphologischen Sinn kann man China in drei Stockwerke untergliedern. Das oberste Stockwerk ist das Hochland von Qinghai-Xizang (Tibet), das durchschnittlich 4 000 - 5 000 m über dem Meeresspiegel liegt. Das mittlere Stockwerk besteht aus großen Becken und Hochländern; die Höhenlage beträgt 1 500 m bis 3 500 m über dem Meeresspiegel. Die Tiefebenen im Osten bilden das unterste Stockwerk. Die Badanjilin-Wüste liegt im Alashan-Hochland, das zum mittleren Stockwerk gehört.

Das Alashan-Hochland ist eine reaktivierte Plattform, in der sich Antiklinalen und Synklinalen entwickelt haben, und die von Verwerfungen unterschiedlichen Streichens (NE, NW und E) durchsetzt ist. Die Gesteine in den Gebirgen sind präkambrische Granite und Gneise. Die tieferen Regionen und Becken werden aus jurassischen kontinentalen Detritusgesteinen sowie kretazischen und tertiären Sedimenten gebildet.

Die Westseite der Wüste liegt am Rand der sich westlich an den Mazung-Shan anschließenden Ruoshui (vgl. Abb. 4) -Verwerfung. Die östliche Begrenzung bildet der Yabulai-Shan (vgl. Abb. 4) als höchstes Gebirge der Region. Das Gebirge kann mit seiner östlichen Verwerfung und der flachen Westabdachung morphographisch als Pultscholle beschrieben werden (Abb. 7). Die Südgrenze der Wüste Badanjilin bildet der Beida-Shan (vgl. Abb. 4), der ebenfalls flach zur Badanjilin-Wüste geneigt ist. Die steile Südabdachung folgt einer Verwerfungslinie. Die Neotektonik bewirkt im Bereich des Alashan geringe Hebungen und Senkungen der Kamm- und Beckenbereiche (Geologisches Institut, Academia Sinica 1959).

Abb. 7:
Südostseite des Yabulai-Shan mit starker Hangneigung. Höhe des Gebirges etwa
2 000 m. Aufgenommen aus 1 300 m ü.M. (Oktober 1988)

2.1.4 Vegetation

Dominierender Minimumfaktor für die Vegetation ist hier der Niederschlag, aber auch die edaphische Ungunst erklärt die spärlich entwickelte Pflanzendecke. Die Rohböden, zumeist Schotter und Kiese, weisen nur geringe Anteile an organischen Bestandteilen sowie eine sehr geringe Wasserhaftkapazität auf. Nur wenige xerophile Arten können in dem Gebiet existieren. Nur in den Tiefenlinien und den Beckenbereichen sowie in den Flußbetten und auf vorzeitlichen Seeböden ist die Vegetation stärker entwickelt, sofern episodische und periodische Wasserzufuhr dies ermöglicht.

Am Ejina-He (vgl. Abb. 4) oder auf alten Seeböden wachsen Bäume, Büsche und Gräser. Häufige Planzenarten sind *Populus euphratica, Elaeagnus angustifolia, Tamarix spp., Phragmites communis, Achnatherum splendens, Sophora alopecuroides, Glycyrrhiza uralensis, Carex sp..* Die natürlichen Waldgesellschaften wurden durch waldbauliche Maßnahmen wahrscheinlich bereits im 16. Jahrhundert von einem Kulturwald zur Bauholz- und Brennholzgewinnung ersetzt (GAO Liming & GUAN Yongqiang 1988). Ein großer Teil der Bevölkerung dieses Gebietes nutzt Holz als Brennstoff und für den Haus- und Möbelbau. Um die unregelmäßige Abholzung zu verhindern, wurde in Ejina die Wald- und Holzwirtschaft monopolisiert. Das vorwiegend aus *Phragmites communis* und *Achnatherum splendens* bestehende salztolerante Grasland ist auf den vorzeitlichen Seeböden die häufigste Vegetationsform und bildet das beste Weideland. Wuchshöhe, Artenzahl und Dichte der Gräser verringern sich mit der Entfernung von den Wasserquellen.

Im Gebirge besteht die Vegetation aus Sträuchern, Halbsträuchern und Gräsern. Sie erreicht generell Deckungsgrade zwischen 10 und 20 %. Auf steinigen Böden stellen sich nur vereinzelt Sträucher und wenige Gräser ein. Es handelt sich vorwiegend um *Salsola laricifolia, Tanacetum fraticalosum, Stipa gobica, Cleistogenes mutica, Amygdalus mongolicus, Artemisia ordosica, Iljinia regelii, Gymnocarpos prszwalskii, Artemisia sphaerocephala, Salsola passerina, Reaumuria soongorica, Potaninia mongolica.*

Auf den aus Sanden, Kiesen und Schottern bestehenden Rohböden können sich keine hochwüchsigen Pflanzen ansiedeln. Die gering entwickelte Pflanzendecke besteht aus Gräsern und Zwergsträuchern wie *Artemisia sphaerocephala, Calligonum mongolicum, Hedysarum scoparium, Artemisia ordosica, Caragana microphylla var. tomentosa, Psammochloa villosa, Agriophyllum arenarium.*

Die Vegetation der Randgebirge im Süden und Osten ist von der Wüstensteppe deutlich abzugrenzen (vgl. WALTER 1968). In der Karte (s. Abb. 8) von HOU Xiuyi et al. (1982) sind die Vegetationsformationen der Badanjilin aufgeführt. Sämtliche Formationen sind durch Beweidung und Holzentnahme mehr oder weniger stark degradiert.

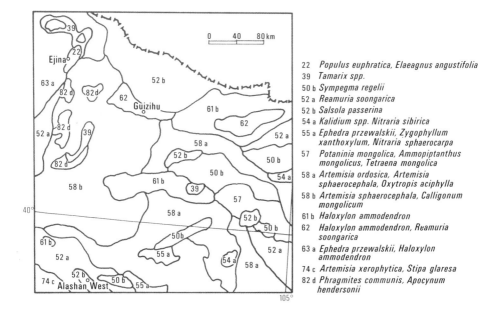

Abb. 8:
Vegetationskarte der Badanjilin (Ausschnitt aus HOU Xiuyi et al. 1982, Darstellung geändert; Legende aus dem Chinesischen)

2.2 Morphologische Landschaftstypen

Satellitenbilder (Institute of Geography, Academia Sinica: Atlas of false colour Landsat Images of China, Peking 1983), Luftbilder und Feldbeobachtungen verdeutlichen, daß aerodynamisches Relief, Pedimente, Sandschwemmebenen (im Sinne von HÖVERMANN 1985) sowie vorzeitliche Seeböden (playas) und Gebirge die bedeutendsten morphologischen Typen im Bereich der Badanjilin sind.

2.2.1 Aerodynamisches Relief

Im Gebiet der Badanjilin werden als aerodynamisches Relief nur Bereiche mit reinen Windformen bezeichnet (vgl. Abb. 4). Es handelt sich dabei überwiegend um Dünenwüsten. Die Charakteristiken sind folgende:

A. Große Dünen (in China nennt man diese Sandberge) stehen sehr dicht nebeneinander (Abb. 9). 61 % der Fläche des aerodynamischen Reliefs ist von Sandbergen besetzt. Diese Dünen erreichen häufig Höhen von 200-300 m, die höchsten sollen sogar über 500 m erreichen (ZHU Zhenda et al. 1980). Entlang der Expeditionsroute 1988 wurden Höhen von bis zu 270 m von mir mit einem Anaeorid-Barometer gemessen. Eine Klassifizierung der Dünenformen im Untersuchungsraum ist aufgrund der Vielzahl der Formen sehr problematisch. Diese Tatsache ist in vielen Sandwüsten zu beobachten. Beispielsweise konnten allein im Dünenfeld der Wüste Namib in Namibia 45 Dünentypen abgegrenzt werden (BESLER 1980). Trotz der Vielfältigkeit haben ZHU Zhenda et al. (1980) die Dünenformen der Region zu drei Haupttypen zusammengefaßt:

1. Einfache Großdünen: Solche Dünen haben nicht nur eine steile Leeseite, sondern auch eine steile Luvseite. Die Dünen streichen in SW - NE Richtung. Ihre Breite ist relativ gering, sie beträgt nach eigener Beobachtung maximal bis zu 1 km. An der Oberfläche sind die Sande bei allen Dünen trocken. Diese trockenen Sande haben jedoch nur eine geringe Mächtigkeit, teilweise nur bis 30 cm (eigene Beobachtung). Darunter sind die Sande feucht.

2. Komplexe Großdünen: Sie sind auf den Luvhängen mit kleinen Sekundärformen besetzt. Die Dünenachse dieses Typs ist SW - NE (30^0 - 40^0 NE) gerichtet und steht senkrecht zur Hauptwindrichtung. Diese Sandberge erreichen eine Länge von 5 bis 10 km und eine Breite bis zu 3 km. Die Dünen kulminieren in einem Kamm. Die Leeseite ist steil geneigt. Die Luvseite steigt zunächst flach (12^0 - 15^0), dann nach einem kurzen konkaven Übergang steil (24^0 - 27^0) an. Die im Luv der Sandberge stehenden Sekundärdünen haben ebenfalls unterschiedliche Formen, zum Beispiel treten Dünenketten, Querdünen und netzartige Dünen (oder Gitterdünen) auf, was auf sekundäre Luftbewegungen zurückzuführen ist, da die Sandberge die Hauptwinde ablenken. Die NW-,W- und SW-Winde beeinflussen die Dünenform augenfällig (vgl. TAN Jianan 1964).

3. Sterndünen (oder Pyramidendünen): Diese Formen kommen hauptsächlich am Rand der großen Dünenfelder sowie in Gebirgsnähe, im Südosten der Badanjilin-Wüste

vor. Häufig setzen sich diese Dünen aus 3 - 6 sinusförmig gewundenen Armen zusammen. Die folgende Abbildung (s. Abb. 10) stellt eine schematisierte Aufsicht einer Sterndüne dar.

Die Verteilung der Dünenformen in der Wüste Badanjilin (s. Abb. 12) zeigt, daß das zentrale Gebiet hauptsächlich aus komplexen Sandbergen besteht. Die niedrigen Dünen, die zum großen Teil durch barchanartige Formen und Pyramidendünen repräsentiert werden, befinden sich am Rand der großen Sandberge.

B. In den großen Dünen sind stets Unstetigkeitsflächen vorhanden, die alte Landoberflächen darstellen und zeigen, daß die Dünen der Badanjilin unterschiedlichen Formungsphasen entstammen. Die ältere Oberfäche (leicht rötlich verwittert) enthält Fragmente bestehend aus Kalkröhrchen (Länge: ca. 2 - 20 cm, Durchmesser: 0.5 - 2 cm), die durch Carbonatanlagerung an Wurzelmaterial entstanden sind. Uran-Thorium Isotopenanalysen ergaben für die jüngsten, in Oberflächennähe entnommenen Kalkröhren ein Alter von 3 800 (±100), für die ältesten von 207 000 (±10 000) Jahren [C-14 und H-3 Labor Hannover, Analysen (Hv-No) 15 939 u. 15 945]. Während der Expedition wurden auch einige Aufragungen von anstehendem Gestein in den Dünenhängen gefunden, wie beispielsweise ein stark verwitterter Granitgneis ca. 50 m über der Dünenbasis (s. Abb. 11). Daraus geht hervor, daß die heutigen Dünenfelder ein ehemaliges Relief mit einzelnen steil aufragenden Bergen verhüllen.

Abb. 9:
Megadünen in der Nähe des Expeditionscamps in der Badanjilin (30 km nordwestlich von Shartai, vgl. Abb. 4), Blickrichtung: NW (Oktober 1988)

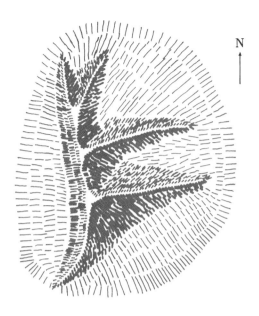

Abb. 10:
Die Aufsicht einer Sterndüne in der Nähe des Expeditionscamps (30 m hoch, vgl. Abb. 4)

Abb. 11:
Granitgneis an einer 270 m hohen Düne in der Nähe des Expeditionscamps (30 km nordwestlich von Shartai, vgl. Abb. 4). Die Stelle liegt 50 m über der Dünenbasis (Oktober 1988)

Abb. 12:
Die Verteilung der Dünenformen in der Badanjilin-Wüste (zusammengestellt vom Atlas of false colour Landsat Images of China, Peking 1983)

C. Zwischen den Sandbergen gibt es ca. 100 0.5 - 1 km² große Seen (TAN Jianan 1964; vgl. Abb. 13), die sich im südöstlichen Bereich großflächig verteilen. Das Wasser weist einen relativ hohen Salzgehalt (1 - 2 g/l) auf.

Abb. 13:
Salzwassersee in der Badanjilin (30 km nordwestlich von Shartai, vgl. Abb. 4), Durch die Absenkung des Wasserspiegels tritt der Seeboden zutage (Oktober 1988)

Aufgrund der unterschiedlichen Verfügbarkeit des Grundwassers im Uferbereich dieser Seen kann eine konzentrische Veränderung der Pflanzenzusammensetzung festgestellt werden. Der Anteil der Sandfraktion nimmt ebenfalls konzentrisch ab, so daß sich charakteristische Uferzonen entwickelt haben (s. Abb. 14, vgl. TAN Jianan 1964).

I. Zone mobiler und halbmobiler Sande: In den tiefen Wannen häufen sich Sande an, so daß sich kleine Dünen bilden können. Bei einem Grundwasserspiegel ca. 2 - 3 m unter der Geländeoberfläche ist der Deckungsgrad mit salztoleranten Pflanzen wie zum Beispiel *Psammochloa villosa, Agriophyllum arenarium, Calligonum mongolicum* sehr gering.

II. Zone festliegender oder halbfester Sande: Bei schwach ausgebildeter Flugsanddecke erreicht der Deckungsgrad der Vegetation 40 %. Die Arten sind *Artemisia spe., Calligonum mongolicum.*

III. Zone von Haufendünen mit *Nitraria tagutorum* und *Artemisia sphaerocephala*: Der Deckungsgrad beträgt unter 30 %, da die Salzkonzentration in diesem Bereich zunimmt. Die Deflation wird dadurch begünstigt.

IV. Zone der Salzgräser: Der Grundwasserspiegel liegt hier 1 m unter der Geländeoberfläche. In diesem Bereich kommen ausschließlich Salzgräser wie zum Beispiel *Phragmites communis, Achnatherum splendens* mit einem Deckungsgrad von ca. 60 % vor. Sie können 2 bis 3 m Höhe erreichen.

V. Zone der sumpfigen Wiesen: Die Grundwassernähe im innersten Bereich begünstigt die Ausbildung einer dichten Pflanzendecke, bestehend aus kleinwüchsigen Arten wie zum Beispiel *Triglochin maritimum, Glaux maritima, Aeluropus littoralis*.

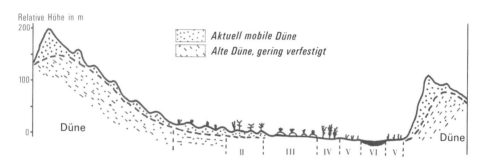

I *Zone mobiler und halbmobiler Sande*
II *Zone festliegender oder halbfester Sande*
III *Zone von Haufendünen mit* Nitraria tagutorum *und* Artemisia sphaerocephala
IV *Zone der Salzgräser*
V *Zone der sumpfigen Wiesen*
VI *Wasserfläche*

Abb. 14:
Landschaftsprofil zwischen Dünenzügen der Badanjilin-Wüste

2.2.2 Vorzeitliche Seeböden (Playas)

Das tiefste Niveau der Beckenbereiche ist charakterisiert durch flachlagernde, vegetationsfreie schluffige Decksedimente. COOKE & WARREN (1973) benutzten den Begriff „Playa" als generelle Bezeichnung für diese Landschaftsform. Auch die am Nord- und Westrand der Badanjilin existierenden vorzeitlichen Seeböden (s. Abb. 4) werden hier als Playa bezeichnet. Am Rand der vorzeitlichen Seeböden gibt es mehrere Terrassen, die unterschiedliche Seespiegelniveaus repräsentieren. Als Beispiel kann man die drei gut erkennbaren Terrassen (Abb. 15) 20 km westlich von Guizihu nennen. Die Terrassen sind infolge der Deflation nicht mehr gleichmäßig stufig gestaltet, sondern hügelartig überarbeitet, stellenweise werden Yardang-Formen ausgebildet. Die Substrate gehören überwiegend der Ton- und Schlufffraktion an (Tab. 4).

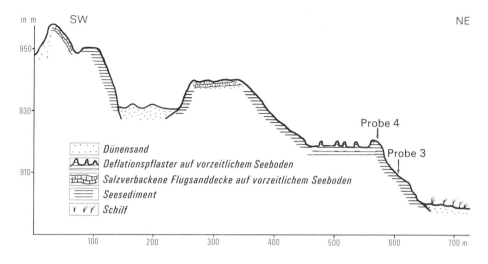

Abb. 15:
Die Terrasse am Rand des Guizihu (vgl. Abb. 4)

Tab. 4:
Die Korngrößenverteilung in den Seesedimenten an Randterrassen 20 km westlich von Guizihu (Korndurchmesser in mm, Angabe in %, vgl. Tab. 5, Abb. 4 & Abb. 15)

Probe	0.08-0.063	0.063-0.05	0.05-0.02	0.02-0.01	0.01-0.005	0.005-0.002
3	5.5	18.07	29.76	46.13	0.53	
4		39.3	2.3	33.33	22.27	2.37

Entlang der Straße von Guizihu nach Wuliji lassen sich Seesedimente mit unterschiedlichen Terrassenniveaus eindeutig ansprechen. Die flach nach Süden geneigte unterste Oberfläche ist vollständig von Kiesen und feinerem Lockermaterial bedeckt. Unmittelbar an der Oberfläche ist die Schlufffraktion ausgeblasen. Durch Untersuchungen von HEDIN (1930) und CHEN Lunhen et al. (1986) ist bekannt, daß diese ehemaligen Seeböden erst seit ein paar Jahren oder Jahrzehnten trocken liegen. Auf Satellitenbildern (Aufnahme: Okt. 1978) war der Sugunuer (vgl. Abb. 4) noch teilweise von Wasser erfüllt. In den 60er Jahren gab es auch im Guizihu stellenweise Wasser (TAN Jianan 1964).

Die nahegelegenen vorzeitlichen Seeböden können nach dem Deckungsgrad der Vegetation und nach dem Oberflächenmaterial in zwei Typen unterteilt werden:

A. Bereich historischer Seespiegelabsenkung (seit ca. 400 Jahren): Aufgrund der Grundwassernähe weist dieser in historischer Zeit trockengefallene Bereich einen hohen Deckungsgrad der Vegetation auf. Die Niveaus dieser Seeböden sind unterschiedlich.

Sie liegen zwischen 910 m beim Guizihu und 850 bis 900 m am Kashunnuer und Sugunuer. Liegt der Grundwasserspiegel weniger als 2 m unter der Geländeoberfläche, erreicht *Phragmites communis* einen hohen Deckungsgrad. Stellenweise gibt es *Tamarix spp.* Auf dem 20 m über dem Seeboden gelegenen Terrassenniveau gedeihen salztolerante Pflanzen wie z. B. *Haloxylon ammodendron* (Abb. 16).

Abb. 16:
Ausgetrockeneter Seeboden am Südrand des Kashunnuer (vgl. Abb. 4) mit starker Deflation. Die Pflanzen sind Tamarix spp. (September 1988)

Die Veränderung der Seen in historischer Zeit (s. Abb. 17) besteht in der Reduzierung der Wasserfläche infolge Absenkung des Seespiegels. Die Karten aus der Zhangue-Dynastie (475 v. Chr. - 221 v. Chr.) zeigen, daß der Fluß Ruoshui damals in einen See mündete, der sich südöstlich des Sugunuer befand und Jüyanze genannt wurde (s. Abb. 17 - I). Der Kashunnuer und der Sugunuer existierten zu dieser Zeit noch nicht.

Während der Yüan-Dynastie (1271 n. Chr. - 1368 n. Chr.) begann sich der Kashunnuer auszubilden (s. Abb. 17 - II). Seit der Ming-Dynastie (1368 n. Chr. - 1644 n. Chr.) ist der Jüyanze ausgetrocknet. Dagegen bildete sich ein neuer See - der Sugunuer (s. Abb. 17 - III). Im Südosten des Jüyanze lag der Regierungssitz aller Dynastien jener Zeit. Beispielsweise wurde der Regierungssitz hier während der Xihan-Dynastie (206 v. Chr. - 25 n. Chr.) *Jüyanduwei* genannt. Während der Yüan-Dynastie hieß er *Jinaichen*.

Der Kashunnuer und der Sugunuer veränderten sich unter menschlichem Einfluß seit Anfang dieses Jahrhunderts sehr schnell. Im Oktober 1927 war das Wasser im Sugunuer noch 2.9 m tief, wie auch die Wasserfläche des Kashunnuer eine größere Ausdehnung hatte (ohne genaue Tiefenangabe). 1941 sperrte die Regierung den Wasserzufluß zum Sugunuer und ließ das gesamte Wasser in den westlichen Arm des Ruoshui fließen. Dadurch fiel das östliche Wasserbett (Zufluß zum Sugunuer) zwischen 1944 und 1951 trocken, und die Wasserkapazität des Sugunuer nahm dramatisch ab. 1952 wurde das Wasser wieder in den östlichen Arm des Ruoshui geleitet, um die Wälder und Gräser am Flußlauf zu retten. Seit 1960 ist kein Wasser mehr in das westliche Flußbett gekommen. Seit 1961 ist der Kashunnuer trocken geblieben, und der Sugunuer hat sich zum episodischen See entwickelt (vgl. Abb. 17 - IV). Nach Aussage der ortsansässigen Bevölkerung lag der Sugunuer in den Jahren 1973 und 1980 ganz trocken. Dank sommerlicher Überschwemmungen war der See zeitweilig mit Wasser gefüllt; im Jahre 1985 enthielt er noch relativ viel Wasser, aber seit 1986 ist er vollständig trocken. In vielen Atlanten (z. B. Diercke Weltatlas von Westermann 1991) wird das Gebiet noch so dargestellt, daß beide Seen und die Flüsse wasserführend sind. Dies widerspricht dem heutigen Zustand.

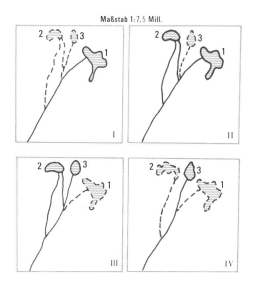

I Jüyanze (Zhangue-Yüan, 475 v. Chr.-1271 n. Chr.)
II Jüyanze und Kashunnuer (Yüan-Ming, 1271-1368)
III Kashunnuer und Sugunuer (Ming-1961)
IV Sugunuer (nach 1961)

1 Jüyanze   2 Kashunnuer   3 Sugunuer

Abb. 17:
Die Veränderung der Seen in historischer Zeit (nach CHEN Lunhen et al. 1986, leicht verändert)

B. Bereich subrezenter Seespiegelabsenkung (Postglazial ?): Der Vegetationsdeckkungsgrad ist in diesem Bereich gering. Die Küstenlinie dieses Typs liegt bei ca. 1 200 ü. M. am Nordrand der Badanjilin (Abb. 18).

Abb. 18:
Vorzeitlicher Seeboden am Nordrand der Badanjilin bei etwa 42⁰ nördlicher Breite und 102⁰ östlicher Länge. Aufgenommen aus ca. 1 050 m ü. M. (September 1988)

2.2.3 Sandschwemmebenen

Die morphogenetischen Prozesse in den Sandschwemmebenen wurden von HÖVERMANN (1985, S. 146-147) beschrieben: Die bei episodisch auftretenden Starkregen eingetieften Abflußrinnen werden durch den ständig arbeitenden Wind verfüllt. „Gleichzeitig werden kleine Windrippeln oder sogar dezimeterhohe Dünen ausgebildet." Diese fallen jedoch dem nächsten Starkregen zum Opfer. Im Wechselspiel zwischen episodischer Niederschlagswirkung, die die Vollformen „angreift und Abflußrinnen einarbeitet, und der quasi kontinuierlichen Windwirkung, die die Vertiefungen auffüllt und die Erhebungen abschleift, strebt die Sandschwemmebene einer totalen schiefen Ebene entgegen."

Abb. 19:
Sandschwemmebene an der Westseite des Yabulai-Shan. Im Vordergrund Ausgangsgesteine des Yabulai-Shan, im Hintergrund Sanddünen (Oktober 1988)

Am Rand der großen Dünenfelder der Wüste gibt es Sand- und Kiesschwemmebenen von wenigen bis zu einigen tausend km^2 Ausdehnung, die völlig oder fast ohne äolische Akkumulationsformen sind. Besonders typisch ausgebildet ist die Schwemmebene an der Westseite des Yabulai-Shan (vgl. Abb. 4 & Abb. 19). Mit zunehmender Entfernung vom Gebirge nimmt die Korngröße der Materialien ab, da das überwiegend fluviatil transportierte Material in Abhängigkeit von der Fließgeschwindigkeit sortiert wird. Allerdings gibt es auch Verzahnungsbereiche fluvialer und äolischer Sedimente. Nach LU Tunmao (1963) gibt es auf der westlichen Seite des Yabulai-Shan eine Stelle, wo drei bis vier Flußterrassen vorhanden sind. Die Terrassenkörper bestehen überwiegend aus Gneis, Granit und Quarzit. In der Umgebung von Ejina (vgl. Abb. 4) gibt es ebenfalls fluviale Schwemmebenen. Ein von dort entnommenes Bohrprofil zeigt die folgende Abfolge von Sedimentlagen:

    0 - 7   cm   Hellbraune Sande und Kiese mit oberflächennahen Gipsanteilen
    7 - 38   cm   Rotbraune Sand- und Kiesschicht, nach unten zunehmender
                   Kiesanteil mit Kreuzschichtung

38 - 49	cm	Gelblichbraune Grobsande und Schotter
49 - 71	cm	Grobsand mit geringerem Schotteranteil über einer Kalkkruste
71 - 95	cm	Sande und Kiese
95 - 101	cm	Weißbraune, durch Kalk verfestigte Feinsande
>101	cm	Gelbbraune lockere Feinsande

2.2.4 Gebirgsbereiche

Im Untersuchungsgebiet beziehen sich die Gebirgsbereiche hier auf den Yabulai-Shan und den Beida-Shan (vgl. Abb. 4). Der Yabulai-Shan befindet sich am Südostrand der Dünenfelder, sein Hauptkamm liegt 1 600 - 2 200 m ü. M. Am Südrand der Dünenfelder schließt sich der Beida-Shan mit Kammhöhen von ca. 1 800 - 2 600 m an. Der Bereich des Gebirgsfusses ist mit Sanden und Kiesen bedeckt. Das anstehende Gestein ist überwiegend Granitgneis. Die steile Südostabdachung des Yabulai-Shan wird aus kretazischen und jurassischen Sedimenten sowie tertiären Konglomeraten gebildet. Flugsande werden aus Dünenfeldern von Nordwestwinden über die Schwemmebene zum Gebirgsrücken verfrachtet; dort entstehen in Geländedepressionen auch kleine Dünen (Abb. 20). Stellenweise werden die Sande über das Gebirge auf die Ostseite transportiert.

Abb. 20:
Dünen am Yabulai-Shan in einer Höhe von etwa 1 800 m ü. M. Die Dünen erreichen Höhen bis 10 m (Oktober 1988)

Im Yabulai-Shan gibt es mindestens eine alte Rumpffläche und eine Rumpfstufe, die unabhängig von der Beschaffenheit und Lagerung der Gesteine sind. Die Höhenlage der Rumpfflächenreste beträgt ca. 1 800 m ü. M. Die Stufe ist 20 - 30 m niedriger als die Rumpffläche. Im Beida-Shan und Yabulai-Shan dominieren denudative Prozesse. An der Nordwestseite des Yabulai-Shan liegt die erste Denudationsterrasse 20 - 30 m höher als die zweite Denudationsterrasse, die zweite Denudationsterrasse liegt 5 - 20 m über dem rezenten Flußbettniveau.

Die Deckungsgrade der Vegetation sind relativ hoch, stellenweise 50 - 60 %. Bei den Pflanzen handelt es sich um Gräser, kleine Sträucher und Halbsträucher, die Arten sind vorwiegend *Tanacetum fruticulosum, Sympegma regelii, Stipa gobica, Ptiragrostis sp., Cleistogenes mutica, Salsola passerina, Reaumuria soongarica, Amygdalus mongolicus* und *Artemisia ordosica*. In den Gesteinsklüften wachsen auch *Amygdalus mongolicus* (LU Tunmao 1963, YU Shouzhong et al. 1962, TAN Jianan 1964).

2.2.5 Pedimente

Als Pediment werden von MENSCHING (1978) nur die Teile der Fußflächen von Inselbergen, Inselgebirgen oder des Gebirges bezeichnet, die sich vom mehr oder weniger scharfen Hangknick ausgehend (also proximal) flächenhaft sowie flach geneigt im Fels erstrecken („Felsfußfläche"). Dabei sind Teile solcher Pedimente durchaus mit Sand, Grus oder auch Schutt überdeckt. Nach HÖVERMANN (1963, 1967, 1972, 1985) werden alle durch ein anastomosierendes Gerrinnetz gekennzeichneten kegelförmig gestalteten Flächen als Pedimente bezeichnet, gleichgültig, ob sie als Abtragungsformen im Anstehenden oder als Aufschüttungsformen ausgebildet sind. Solche Pedimente größeren Ausmaßes finden sich nur an Gebirgsrändern winterkalter Trockenräume, in denen der Frost entsprechende Schuttmassen dauernd lockert, die dann durch einzelne Starkregen auf den unbewachsenen Fußflächen durch besonders geartete intermittierende Vorgänge verschwemmt werden. Außerdem ist eine längere Dauer solcher Klimazustände nötig. Ein mittlerer jährlicher Niederschlag zwischen 150 mm und 350 mm gilt als klimatische Determinante für Pedimente (HÖVERMANN 1985).

Im Sinn dieser weitergefaßten Definition können viele Bereiche im Untersuchungsraum als Pedimente bezeichnet werden (s. Abb. 4). Ursprünglich war die Ausdehnung der Pedimente in diesem Bereich viel größer als in Abb. 4 angegeben, weil die vorzeitlichen Pedimente durch Sandschwemmebenen überformt worden sind. Pedimentlandschaften werden in der chinesischen Sprache in der Regel als Denudations-Steingobi bezeichnet (vgl. 3.2.2). Auf den schwach geneigten Abschnitten der Pedimente kommen kegelige Hügel und wellenförmige Oberflächen des anstehenden Gesteins vor. Die Hügel kann man (morphographisch) als kleine Inselberge beschreiben. Die relative Höhe dieser Vollformen in der Nähe Yagans (s. Abb. 4 & Abb. 21) liegt bei 5 bis 10 m. Es gibt deutliche Anzeichen für physikalische Verwitterung. Der durchschnittliche Durchmesser des verwitterten, meistens scharfkantigen Detritus liegt bei einigen Zentimetern.

Wegen des tiefen Grundwasserniveaus ist der Vegetationsdeckungsgrad sehr gering. Es wachsen vor allem *Nitraria sphaerocarpa* und *Reaumuria soongaria*.

Abb. 21:
Pedimente südlich von Yagan (vgl. Abb. 4). Die kleinen Vollformen unterliegen starker physikalischer Verwitterung (September 1988)

2.3 Sedimentologische Untersuchungen

2.3.1 Granulometrie

Für die granulometrische Analyse wurden die Sedimentproben (vgl. Abb. 4) im trockenen Zustand mit einem Φ-Siebsatz in dreidimensionaler Bewegung gesiebt. Die verfestigten Materialien wurden vorher im Mörser von Hand zerkleinert. Insgesamt wurden 13 Proben von ZHANG Huanxin in Lanzhou mit einem Φ-Siebsatz untersucht. Nach der Siebanalyse wurden die Summenkurven auf log-normales Wahrscheinlichkeitspapier gezeichnet und daraus die Korngrößenparameter nach FOLK & WARD (1957) berechnet. Von den charakteristischen Korngrößenparametern mittlerer Korngröße, Sortierung, Schiefe und Kurtosis, die nach KRUMBEIN (1934 und 1936), OTTO (1939), INMAN (1952), FOLK & WARD (1957), McCAMMON (1962) bestimmt wurden, sind diejenigen nach FOLK & WARD in Tab. 5 aufgelistet.

Der Feinschluffanteil der Seesedimente war größer als der der Flugsande. Die in der Nähe des Feldlagers (vgl. Abb. 4; Expeditionscamp) entnommene Probe (Probe 12) wies eine negativ-schiefe Häufigkeitsverteilung auf, was auf Deflation hinweist (s. Tab. 5), während die Probe aus Badanjilinmiao (Probe 18; vgl. Abb. 4) eine positiv-schiefe Häufigkeitsverteilung aufwies; hier ist also Akkumulation wahrscheinlich.

Interessanter als der Korngrößenparameter an sich ist ein raumbezogener Vergleich. Die horizontalen Unterschiede können spezifische Verhältnisse widerspiegeln, zum Beispiel Transportrichtungen. Werden nur die Korngrößen der Kammsande (Proben 5, 18, 12 & 8) berücksichtigt, so zeigt sich eine nach Nordwesten zunehmende Tendenz zu feinkörnigeren Sanden. Diese Tendenz läßt sich entweder auf die sommerlichen Südost-Monsunwinde zurückführen (Probennahme: Anfang Oktober) oder auf verschiedene Sandquellen.

Die mittleren Korngrößen aller Proben zeigen jedoch im Vergleich eine so breite Streuung, daß keine gesetzmäßige Veränderung zu erkennen ist.

Tab. 5:
Korngrößenparameter der Sedimentproben (Probennummer: vgl. Abb. 4)[9]

Probe	$M_z(\phi)$	$\delta(\phi)$	$Sk(\phi)$	$k(\phi)$	Bemerkungen
1	2.32	0.75	-0.011	0.81	Dünenfuß-Sande
2	2.48	0.66	-0.119	0.80	Dünenfuß-Sande
4	5.70	1.27	-0.104	0.59	obere Seesedimente, vgl. Abb. 15
3	5.32	0.92	-0.190	0.62	untere Seesedimente
5	2.18	0.42	-0.015	0.93	Dünenkamm-Sande
17	2.55	0.90	0.103	0.96	Dünenfuß-Sande
18	2.84	0.48	-0.111	1.38	Dünenkamm-Sande
9	2.06	0.94	0.310	1.02	Sandbank 30 cm über Wasserspiegel
10	3.21	0.79	-0.080	1.06	Sandbank 70 cm über Wasserspiegel
11	3.91	1.13	0.197	1.05	Sandbank 1.2 m über Wasserspiegel
12	2.57	0.41	-0.129	1.14	Dünenkamm-Sande
13	2.44	0.93	-0.129	0.78	Dünenfuß-Sande
8	2.33	0.53	-0.032	0.82	Dünenkamm-Sande

2.3.2 Schwermineralanalyse

Insgesamt wurden 17 Proben aus unterschiedlichen Gegenden und Schichten auf Schwermineralien geprüft. Die Schwermineralbestimmung wurde von Senior-Ing. SONG Jingxi (1989) in Lanzhou durchgeführt. Die Sandproben wurden zunächst mit einem Siebsatz fraktioniert. Nach der physikalischen Behandlung wurden die im Bereich von 2 ϕ (Durchmesser: 0.25 mm) bis 6.64 ϕ (0.01 mm) liegenden Sande nach unterschiedlicher Dichte getrennt. Die Mineralien, deren Dichte über 2.9 liegt, werden als Schwermineralien bezeichnet. Daher wurden die Mengenanteile der Schwermineralien in Prozent berechnet. Etwa 400 bis 500 Körner aus jeder Probe wurden unter dem

---

[9] $M_z(\phi) = \frac{\phi 16 + \phi 50 + \phi 84}{3}$ $\delta(\phi) = \frac{\phi 84 - \phi 16}{4} + \frac{\phi 95 - \phi 5}{6.6}$

$Sk(\phi) = \frac{\phi 16 + \phi 84 - 2\phi 50}{2(\phi 84 - \phi 16)} + \frac{\phi 5 + \phi 95 - 2\phi 50}{2(\phi 95 - \phi 5)}$ $K(\phi) = \frac{\phi 95 - \phi 5}{2.44(\phi 75 - \phi 25)}$

$\phi = -log_2 \xi$ ξ = Durchmesser in mm

Mikroskop untersucht. Auf Grundlage der Körnerzahlen berechnet man die prozentuale Häufigkeit eines Schwerminerals. Trotz der geringen Mengen gibt es jedoch außerordentlich viele unterschiedliche Schwermineralien. Das Ergebnis der Bestimmung zeigt Abb. 22 mit Mineralien, deren Anteil über 4 Prozent beträgt. Diopsid, Hypersthen, Rutil, Titanit, Apatit, Hussakit, Monazit, Disthen und Staurolith treten nur in geringen Mengen auf. Den größten Anteil an der Schwermineralienzusammensetzung haben Epidot, Hornblende, Ilmenit und Ferroferrit, also überwiegend mäßig stabile bis stabile Mineralien (vgl. Tab. 6). Anhand der Zusammensetzung der verschiedenen Schwermineralien können die Herkunft, das Sedimentationsmilieu und der Transportprozeß der Sedimente rekonstruiert werden (s. 2.4).

Tab. 6:
Die Schwermineralzusammensetzung[10] (%) in den Proben der Badanjilin-Wüste
(Probennummer: vgl. Abb. 4)

Probe	1	2	3	5	6
instabil	6.91	8.83	9.47	14.84	17.09
mäßig stabil	45.39	42.82	50.8	47	52.98
stabil	43.78	44.14	36.48	36.8	26.48
sehr stabil	3.97	4.19	3.22	1.33	3.42
prozentualer Anteil der Schwerminerale	0.64	0.86	1.17	1.05	1.29

Probe	7	8	9	10	12	13
instabil	11.18	25.06	34.83	33.74	23.9	26.15
mäßig stabil	47.26	46.58	42.4	48.46	37.81	37.68
stabil	37.96	26.48	20.76	15.93	36.09	34.12
sehr stabil	3.37	1.19	1.33	1.91	1.71	1.96
prozentualer Anteil der Schwerminerale	1.18	1.38	1.68	2.17	2.72	2.12

Probe	14	15	16	17	18	19
instabil	18.74	16.32	2.52	29.46	23.69	24.6
mäßig stabil	27.9	46.67	85.95	36.16	42.98	45.75
stabil	50.66	34.26	7.97	33.04	32.02	27.13
sehr stabil	2.45	2.76	3.57	1.34	1.32	1.84
prozentualer Anteil der Schwerminerale	3.42	1.44	4.16	1.96	2.29	2.07

[10] instabil: Hornblende, schwarzer Glimmer, Augite, Glaukophan und Hypersthen; mäßig stabil: Epidot, Actinolit, weißer Glimmer, Zoisit, Chlorit, Diopsid und Apatit; stabil: Ilmenit, Ferroferrit, Granat, Titanit, Disthen, Staurolith und Ferrohydrit; sehr stabil: Zirkon, Turmalin, Rutil, Monazit und Hussakit.

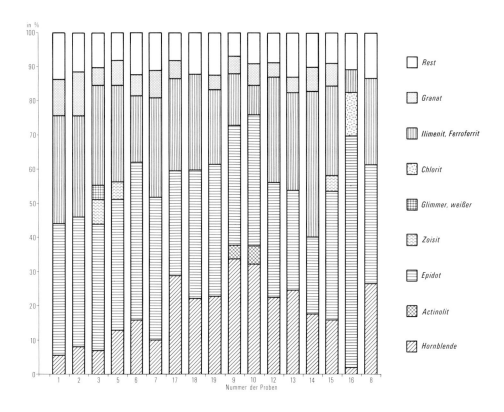

Abb. 22:
Ergebnisse der schwermineralogischen Analysen der Sande aus der Badanjilin

2.3.3 Mikrostruktur der Kornoberflächen

Die Grundkonzeption der von CAILLEUX (u. a. 1952) entwickelten morphoskopischen Sandanalyse beruht darauf, daß die Gestaltung der Kornoberfläche mit der Kornform zusammenhängt. Die Kornform und die Oberflächenbeschaffenheit erlauben Aussagen zum Ablagerungsmilieu und zu aktuellen Prozessen, die für die Morphologie und Morphogenese von großer Bedeutung sind. PACHUR (1966), PYRITZ (1972) und BESLER (1980) haben mit dem Lichtmikroskop Sandproben aus der Sahara, Europa und der Namib untersucht. PACHUR (1966, S. 32) stellt dazu fest: „Die morphoskopische Sandanalyse erscheint als geeignet zur Charakterisierung der Sedimente eines Untersuchungsgebietes." Verschiedene Proben ergeben nach PACHUR (1966) bei fraktionsspezifischer Untersuchung und graphischer Darstellung charakteristische Morphogramme, deren Zustandekommen und deren Veränderung anhand künstlicher milieuspezifischer Versuche bestätigt und erläutert worden sind.

Noch bessere Möglichkeiten der Oberflächen-Untersuchung von Quarzkörnern ergeben sich durch das hohe Auflösungsvermögen eines Elektronenmikroskopes (SEM). Nach REIMER & PFEFFERKORN (1977) ist die Auflösungsgrenze eines SEM von 50 - 200 Å nur um ca. eine Zehnerpotenz besser als die eines Lichtmikroskopes (LM) und um etwas mehr als eine Zehnerpotenz schlechter als die eines Transmissions-Elektronenmikroskopes (TEM). Während bei einem LM mit zunehmender Vergrößerung die Tiefenschärfe stark abnimmt und Oberflächenstrukturen mit einem TEM nur auf dem Umweg über Oberflächenabdrücke abgebildet werden können, läßt sich mittels eines SEM jede Oberfläche unmittelbar mit großer Tiefenschärfe abbilden, sofern das Objekt vakuumbeständig und die Oberfläche elektrisch leitend ist.

KRINSLEY & DOORNKAMP (1973) haben mit dem SEM die Oberflächenstrukturen der Quarzsande bei unterschiedlichen Umweltbedingungen, Herkunftsmaterialien, Diagenesen, glazialen, marinen, glazial und marin kombinierten, aeolischen und hoch energetischen chemischen Bedingungen untersucht. Danach können Quarzsande aufgrund ihrer Oberflächenstrukturen den entsprechenden Milieus zugeordnet werden. Für die Interpretation der Umweltbedingungen reicht keineswegs eine einzige Struktur auf einem Sandkorn aus. Die Interpretation kann nur durch die Kombination vielseitiger Charakteristiken erfolgen.

In den letzten zehn Jahren ist die Untersuchung der Oberflächenstrukturen von Sanden mit dem SEM in China zu einer gängigen Methode geworden (z. B. XIE Youyu & CUI Zhijiu 1981, DAI Fengnian 1986). Mit dem Elektronensondenmikroskop (EPM-810Q aus Japan) hat Senior-Ing. DAI Fengnian Oberflächenstrukturen zahlreicher Proben aus aktuellen Gletschern, Flußbetten, marinen Bereichen und Stellen mit starker chemischer Verwitterung sowie aus Dünen untersucht.

Die Aufbereitung der Proben erfolgte zunächst durch die granulometrische Isolierung der Fraktion mit einem Durchmesser von 0.2 - 0.25 mm. Bei sandigen Schluffen wurden auch nur die groben Anteile ausgewählt. Senior-Ing. DAI Fengnian sortierte die Quarzkörner mit Hilfe eines Binokulars aus und bearbeitete sie für die weitere Untersuchung: Am Korn haftende Ton-, Kalk- und Oxidkrusten wurden durch Kochen in Salzsäure und Waschen mit destilliertem Wasser entfernt; organische Krusten wurden mit Wasserstoffsuperoxid beseitigt. Um die Eisenoxide zu entfernen, wurden die Proben in Zinnchloridlösung gekocht. Am Ende der Aufbereitung standen die Spülung der Proben mit destilliertem Wasser und die Trocknung.

Etwa 20 Sandkörner wurden aus jeder Probe nach dem Zufallsprinzip herausgenommen und für die Beobachtungen unter dem Elektronensondenmikroskop benutzt. Vor der eigentlichen Untersuchung mußten die Quarzkörner erst mit Kohlenstoff, dann mit Gold in einer Mächtigkeit von 200 - 300 Å beschichtet werden.

13 Proben aus der Badanjilin wurden von Senior-Ing. DAI Fengnian im Lanzhou Institut für Wüstenforschung im Jahr 1988 mit dem Elektronensondenmikroskop analysiert. Die Labor-Ergebnisse wurden von mir in Göttingen anhand fotografischer Aufnahmen interpretiert.

2.3.3.1 Die Typen der Oberflächenstrukturen

Anhand ihrer Entstehung können die Oberflächenstrukturen der Quarzkörner aus der Badanjilin drei Gruppen zugeordnet werden. Diese sind: mechanische, chemische und chemisch-mechanische Strukturen, deren typische Merkmale und Genesen später mit den Untersuchungsergebnissen der Takelamagan-Sande vergleichend erörtert werden (vgl. 3.3.3).

Die mechanischen Strukturen der Badanjilin-Sande werden durch Mattierung (Abb. 23), tellerartige und barchanartige Gruben (Abb. 24) repräsentiert. Tröge (vgl. 3.3.3) treten ebenfalls gelegentlich auf. Chemische Strukturen sind Plättchen aus Kieselsäure (SiO_2; Abb. 25) und Lösungsstrukturen auf der Oberfläche der Quarzkörner. Durch kombinierte mechanische und chemische Vorgänge verursachte Strukturen kommen bei Badanjilin-Sanden nur selten vor. Es handelt sich dabei um eine vermutlich durch Druck entstandene Lamellierung, die durch Lösung und Ablagerung sichtbar wird (vgl. 3.3.3).

Während der Untersuchung wurden 114 Quarzkörner aus 13 Proben der Badanjilin-Sande in Hinsicht auf ihre Oberflächenformen von Senior-Ing. DAI Fengnian fotographiert. Die statistische Auswertung ergab folgendes:

Mattierung: 33.33 %   Tellerartige Gruben: 18.42 %
Barchanartige Gruben: 10.53 %   Tröge: 5.26 %
Kieselsäureplättchen: 32.46 %   Lösungsstrukturen: 7.02 %
Lamellenstrukturen: 1.75 %

Außerdem tritt bei einem Korn (0.88 %) aus der Gesamtheit der Proben ein muscheliger Bruch auf.

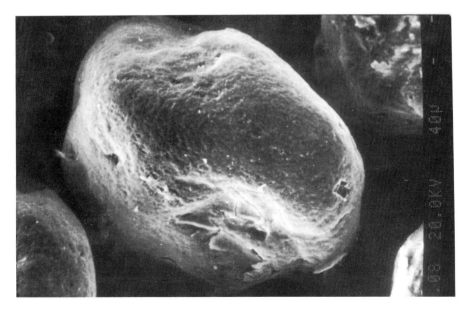

Abb. 23:
Mattierung eines Sandkornes aus der Badanjilin, Probe 9 (vgl. Abb. 4).
Aufnahme: DAI Fengnian

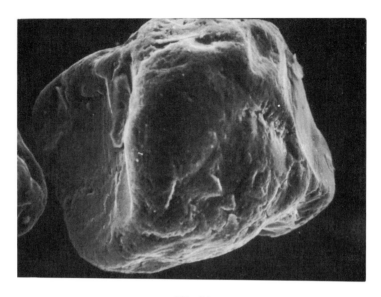

Abb. 24:
*Tellerartige und barchanartige Gruben an der Oberfläche der Sandkörner,
Probe 10 (vgl. Abb. 4). Aufnahme: DAI Fengnian*

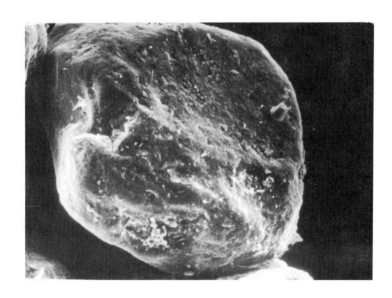

Abb. 25:
*Plättchen aus Kieselsäure auf der Oberfläche der Sandkörner, Probe 10 (vgl. Abb. 4).
Aufnahme: DAI Fengnian*

Die oben genannten prozentualen Werte können als die Erscheinungswahrscheinlichkeit jeder Oberflächenstruktur für die Badanjilin-Sande angesehen werden. Diese statistischen Werte deuten darauf hin, daß die mechanischen Strukturen vergleichsweise am häufigsten sind und die chemischen Strukturen in Form von Kieselsäureplättchen an zweiter Stelle folgen.

Pauschal gesehen zeigen die Proben aus den verschiedenen Bereichen ähnliche Oberflächenstrukturen. Bei einer Düne unterscheiden sich die Sande am Fuß hinsichtlich ihrer Mikrooberflächenstrukturen nicht von denen der Kammsande. Beispielsweise sind die Probe 17 vom Fußbereich und Probe 18 vom Kammbereich derselben Düne bei Badanjilinmiao (vgl. Abb. 4) entnommen worden. Die beiden Proben zeigen vergleichbare Mikrooberflächenstrukturen sowie Mattierungen und Kieselsäureplättchen. Die Proben 1 und 2 sind vom Fußbereich und haben ähnliche Oberflächenstrukturen wie die Proben 5 und 7, die aus dem Kammbereich stammen. Probe 9 und 10 stammen von einer kleinen Insel in einem See (vgl. Abb. 4). Bei Probe 9 haben sich die Mattierungen, Kieselsäureplättchen und die Lösungsstrukturen sehr weit ausgedehnt. In Probe 10 haben viele Quarzkörner tellerartige Gruben. Die Proben 9 und 10 sind also auch stark vom Wind beeinflußt.

Die aus einer kleinen Düne jüngeren Alters (ca. 5 m hoch) stammende Probe 13 zeigt erstaunlich runde Kornformen und gut entwickelte Mattierungen (Abb. 26). Diese Formen wurden durch intensive Windeinwirkung hervorgerufen.

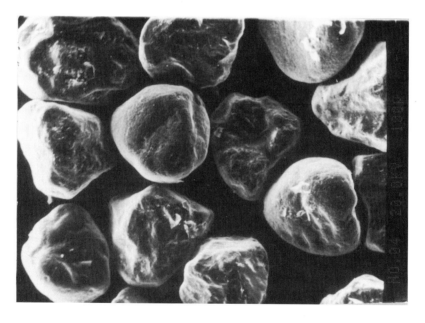

Abb. 26:
Runde Kornformen mit gut entwickelter Mattierung auf der Oberfläche der Körner, Probe 13 (vgl. Abb. 4). Aufnahme: DAI Fengnian

Obwohl die untersuchten Proben von mehreren Orten stammen, läßt sich eine generelle räumliche Differenz der Oberflächenstrukturen der Quarzkörner in der Badanjilin nicht ableiten.

2.3.3.2 Die Kornzurundung

Im allgemeinen ist die Kornzurundung der untersuchten Quarzkörner relativ gut. Die Kornform ist bei vielen Proben rund bis mäßig rund. Nur gelegentlich treten eckige Formen auf. Eine regelhafte Veränderung der Kornform (Zurundung) läßt sich bei den untersuchten Badanjilin-Sanden weder positionsabhänig noch räumlich erkennen.

Nach der Auffassung von PACHUR (1966) erfordert die Änderung der Kornform jedoch sehr viel mehr Zeit als die Veränderung der Kornoberfläche. Es ist daher zu unterscheiden zwischen der Kornform, die eine Veränderung der geometrischen Gestalt zur Folge hat, und den Kornoberflächenstrukturen, die durch das Feinrelief der Kornoberfläche ausgedrückt werden. Deshalb werden in dieser Arbeit Kornform und Oberflächenstrukturen des Kornes als unterschiedliche Ergebnisse der Kornbearbeitung unterschieden.

2.4 Interpretation der Analyseergebnisse

2.4.1 Dynamik

2.4.1.1 Die Entstehung der Pyramidendünen

Die Dünenkomplexe des südöstlichen Gebietes und des Randbereiches der Badanjilin-Wüste werden im Sinn von ZHU Zhenda et al. (1981) als Pyramidendünen bezeichnet (s. 2.2.1).

Aufgrund der Geländebeobachtungen ist zu prüfen, ob die Pyramidendünen in der Badanjilin durch Erosion verursacht wurden. Die Pyramidendünen befinden sich im Südosten der Badanjilin. Vermutlich gab es in diesem Gebiet auch lange Dünenketten, die durch starke Niederschläge stellenweise unterbrochen und zu haufenförmigen Vollformen umgewandelt wurden. Demnach müßten auch die Pyramidendünen durch die Deflation dank der NW- und SE-Winde aus den Sandvollformen gebildet worden sein. Leider habe ich noch keine Daten über die Textur der Pyramidendünen in der Badanjilin. Aber die granulometrische Analyse der Takelamagan-Sande zeigt, daß die Sande der Pyramidendünen gröber sind als die der sonstigen Dünen (vgl. 3.3.1, Tab. 16). Ein Grund dafür ist der Windtransport der feineren Fraktion.

Ähnliche Vorgänge sind auch aus Nordafrika bekannt. Beobachtungen von Prof. HÖVERMANN (mündliche Mitt.) führten zu der Überlegung, ob die Pyramidendünen generell als eine Folge von Erosionsvorgängen angesehen werden können. Seine Fotos von 1964 aus dem Östlichen Großen Erg (grand erg oriental, Algerien) zeigen, daß die Landschaft dort 1964 überwiegend aus flachen Sandebenen mit kleinen Sandhaufen bestand. Zwei Jahre später (1966) waren aus diesen Sandhaufen Pyramidendünen entstanden. In der Zwischenzeit hatte es überraschend stark geregnet. Die Pyramidendünen haben wahrscheinlich zwei Entwicklungsphasen erlebt. Zuerst wurden größere Sandhaufen infolge der Erosion herausgearbeitet. Danach griff die Deflation an, und manche Bereiche der Sandhaufen erfuhren eine stark negative Sandbilanz. Die Deflation formte die Sandhaufen zu Pyramidendünen um.

Wahrscheinlich können Pyramidendünen auch von anderen morphodynamischen Prozessen erzeugt werden. HE Datiang (pers. Mitteilung) ist aufgrund von Experimenten im Windkanal der Ansicht, daß sie ausschließlich aerodynamisch gebildet werden. Aufgrund der Entstehung der Pyramidendünen in der Takelamagan gehen ZHU Zhenda et al. (1981) davon aus, daß sich Pyramidendünen bei unterschiedlichen Windrichtungen, aber gleichmäßigen Windstärken bilden können. Es ist auch denkbar, daß die Pyramidendünen durch reine Deflation aus longitudinalen oder transversalen Dünen gebildet werden können. Dies wäre gleichzeitig ein Zeichen für eine Verstärkung der Windwirkung.

2.4.1.2 Rezente Morphodynamik

Überraschend ist zunächst das Phänomen abnehmender Korngrößen in nordwestlicher Richtung bei ganzjährig dominierendem Nordwestwind (s. 2.1.2). Es ist eindeutig, daß die Sande im Untersuchungsraum vorherrschend nach Südosten transportiert werden. Dies läßt sich leicht durch die im Yabulai-Shan rezent immer weiter nach Südosten wandernden Dünen beweisen. Wird das Phänomen der nach Nordwesten abnehmenden Korngrößen berücksichtigt, so kann es als wahrscheinlich bezeichnet werden, daß im Sommer bei südöstlichen Monsunwinden auch eine große Transportleistung entgegengesetzt zur dominierenden Verlagerungsrichtung existiert. Die sommerliche Sandbewegung nach Nordwesten trägt zur Vielfalt der Sanddünenformen bei. Auf Grund jahreszeitlich wechselnder Windrichtungen sind bei den Sandbergen die Luv- und Leeseiten nicht typisch ausgebildet. Es treten expositionsunabhängig unterschiedliche Neigungen auf.

Eigenen Windbeobachtungen zufolge existieren im Bereich zwischen der Basis und dem Kamm der großen Dünen kleinräumige Zirkulationen, die die Hauptwindrichtungen überlagern. Da die Dünen ein natürliches Hindernis bilden, muß der Wind dem „Auf und Ab" der Dünenoberflächen folgen. Die Anzahl der Dünen auf einer bestimmten Fläche und deren Höhe steuern die Verhältnisse der Oberflächenwinde. Einerseits werden die Dünen durch Windtransport gebildet, andererseits beeinflussen die Dünen wiederum die Windverhältnisse. Nach BAGNOLDs (1941) Vermutung hängt die Verminderung der Windgeschwindigkeit von den Rippelhöhen ab, welche bei granulometrisch gemischten Sanden höher sind als bei einheitlichen Sandfraktionen. Diese Vermutung wird durch meine Beobachtungen bestätigt. Allerdings hängen die Rippelhöhen verstärkt mit gröberen Fraktionen zusammen. Dieser Umstand basiert auf der Tatsache, daß die höheren Rippeln alle aus gröberen Sanden bestehen (eigene Beobachtungen); je gröber die Sande sind, desto höher werden die Rippelmarken. Die Erfahrung im Windkanal deutet darauf hin, daß die Rippelmarken unter starker Windeinwirkung verschwinden; das heißt, daß nicht nur die Oberflächenbeschaffenheit, sondern auch die Windgeschwindigkeit die Turbulenzen des Luftstroms an der Dünenoberfläche beeinfussen. Starker Wind ebnet die Rippelmarken ein, so daß die Windgeschwindigkeit nicht mehr durch das Abbremsen der Rippelmarken reduziert wird. Aber unter schwachen Windbedingungen entwickeln sich die Rippeln wieder neu. Selbst wenn der Wind im allgemeinen nicht spürbar ist, kann es an steilen Dünenhängen zur Entstehung stärkerer Luftströme kommen.

2.4.2 Sandquellen

Als Synthese aus Geländebefunden und Schwermineralbestimmungen soll abschließend versucht werden, die Herkunftsgebiete der Sande zu erfassen. Aufgrund der Ergebnisse der Schwermineralanalysen erscheint es unwahrscheinlich, daß die Sande der Badanjilin nur aus einer Lieferquelle stammen.

Im Raum Guizihu gibt es weniger Hornblende und mehr Granat als im Südosten. Die Unterschiede zwischen Seesedimenten und Dünensanden in Guizihu sind gering (vgl. Abb. 22, Probe 1, 2, 5, 6, 7: Dünensande und Probe 3: Seesedimente), so daß die Seesedimente hier als Quellgebiete interpretiert werden können. Auch die starke Deflation der Seeböden spricht für diese Hypothese.

Abb. 27:
Tafoniartige Formen im Granit am westlichen Fuß des Yabulai-Shan (Oktober 1988)

Im Yabulai-Shan wurden im Granit tafoniartige Formen gefunden (s. Abb. 27), die auf unterschiedliche Weise erklärt werden können. Es kann sich einerseits um das Ergebnis einer kräftigen chemischen Verwitterung handeln, dabei muß offen bleiben, ob sie vorzeitlich oder rezent - durch Taubildung begünstigt - wirksam war oder ist. Andererseits ist zu überlegen, ob auch die Salzsprengung bei der Bildung von Tafonihöhlungen eine Rolle gespielt hat (KLAER 1956). Eigentlich hat das Ausgangsgestein (Granit) hier einen sehr geringen Salzgehalt. Aber die Winde können Salze von den umgebenden Salzseen hierher transportieren. Eine Anreicherung von Salzen in dieser Form wurde von YAALON (1963) und RÖGNER (1989) in Israel nachgewiesen. Die aus dem Mittelmeerbereich kommenden Luftmassen enthalten neben dem feinen Staub auch Salze (RÖGNER 1989). Es kann bei einer erneuten Befeuchtung der Wandfläche der Tafoni auch zu einer Infiltration gelöster Salze in das Gestein gekommen sein. Durch diesen Vorgang sind die Voraussetzungen für eine spätere physikalische Einwirkung der Salze auf das Gestein geschaffen. Weiterhin finden sich Hinweise auf denudative Prozesse (vgl. Abb. 28), durch die das Verwitterungsmaterial abtransportiert wurde. Aufgrund des Binnenentwässerungssystems bildete der Bereich der Seeböden die absolute Denudationsbasis. Allerdings kann davon ausgegangen werden, daß ein großer Teil des aufbereiteten Materials bereits im Bereich der Fußflächen abgelagert wurde. Die Schwemmebenen des Yabulai-Shan waren daher eine wichtige Sandquelle für die Dünen.

Abb. 28:
Erosionsrillen an der Westseite des Yabulai-Shan. Entlang der Rillen ist Vegetation vorhanden (Oktober 1988)

Der Ruoshui-Fluß (vgl. Abb. 4) muß als zusätzlicher Materiallieferant berücksichtigt werden, da die vorzeitlich aufgeschütteten Uferwälle für eine starke Sedimentbelastung sprechen.

2.4.3 Veränderung der Umweltbedingungen

Instabile und mäßig stabile Minerale treten in Guizihu in geringeren Mengen auf als im Südosten (vgl. Tab. 6 u. Abb. 4). Dies hängt wahrscheinlich damit zusammen, daß die Verwitterung des Detritus in Guizihu weiter fortgeschritten ist als im Südosten. Die starke Durchfeuchtung der Böden im lakustrischen Bereich begünstigte hier die chemische Verwitterung.

Die Seesedimente am Nord- und Westrand der Badanjilin wurden als Hanhai-Formation definiert (HÖRNER & CHEN 1933, zitiert in NORIN 1980). Datierbares Material der Oberterrasse des Sugunuer wies ein Alter von 33 700±1 300 Jahren auf. Die Denudationsoberfläche wurde datiert auf 34 200 Jahre v. h. (nach OLSSON, aus NORIN 1980).

Es ist wahrscheinlich, daß die regelmäßige Lamination der Basissedimente mit der Vergletscherung der weiter südlich gelegenen Hochgebirge zusammenhängt. Das Endbecken des alten Flußsystems wurde dann relativ schnell aufgefüllt und in ein fluviales Delta mit periodischen Seen umgestaltet. Die Flugsande griffen offenbar manchmal auf die Seen über, denn in der Hanhai-Formation finden sich auch Dünensande.

Während der Expedition wurden Proben der kalkverbackenen Wurzeln an mehreren Stellen des Sanddünenbereiches entnommen. Die älteste Probe weist nach der U-/Th-Isotopenanalyse ein Alter von 207 000 Jahren (vgl. 2.2.1) auf. Das bedeutet, daß es vor 207 000 Jahren etwas feuchter war, so daß die Dünen mit Pflanzen bedeckt waren (vgl. 2.2.1 & 4.1.2). Folglich müssen die Dünen noch älter sein.

Die Lößakkumulation in China begann vor ca. 2.4 Millionen Jahren. Als Ursprungesgebiet gelten die westlichen Wüstengebiete (LIU Tungsheng et al. 1985). Dies berücksichtigend kann angenommen werden, daß die Badanjilin bereits im frühen Pleistozän existierte. Allerdings ligen noch keine Datierungen vor, die die Entstehungszeit exakt erfassen. Unter der Prämisse einer parallelen klimatischen Entwicklung des Erdues (Ordos) - Plateaus und der Badanjilin kann angenommen werden, daß die Maowusu (östlich der Badanjilin, vgl. Abb. 1) aufgrund der feuchteren Bedingungen jünger ist. Der Nachweis einer Vegetationsbedeckung der Sanddünen im Pleistozän (vgl. 2.2.1) spricht für feuchtere Phasen des Jungquartärs in der Badanjilin. Für diese Zeiträume müssen fixierte und teilfixierte Dünenformen angenommen werden.

In historischer Zeit führte die Abnahme der Gletscherschmelzwässer zur Aufgabe der „Heichen" (Schwarze Stadt) (Ca. 600 Jahre v.h.). Die Veränderung des Sugunuer und Kashunnuer Systems in jüngster Zeit ist auf die veränderte Wasserführung des Ruoshui (vgl. Abb. 4) infolge der Bewässerungswirtschaft zurückzuführen (vgl. 2.2.2).

3 Die Wüste Takelamagan

3.1 Physiogeographischer Überblick

3.1.1 Lage

Der Begriff „Takelamagan" stammt aus der uighurischen Sprache und bedeutet „Reise ohne Wiederkehr". Die Takelamagan liegt etwa zwischen $36^0 30$' und $41^0 45$' nördlicher Breite und $70^0 20$' und 90^0 östlicher Länge im Zentrum des Tarimbeckens, welches als das größte abflußlose Inlandbecken in China gilt. Das Tarimbecken liegt zwischen den gewaltigen Gebirgen des Tian-Shan im Norden und des Kunlun-Shan im Süden, der im Westen ins Hochgebiet des Pamir übergeht (vgl. Abb. 1 & Abb. 29). Der vorzeitliche Seeboden Lop-Nuer (Nur oder Nor, vgl. Abb. 29) begrenzt es im Osten. Das Becken liegt im Westen bei 1 300 - 1 400 m ü. M. und fällt im Osten in die Lop-Nuer-Senke auf 780 m ü. M. ab. Die Wüste Takelamagan erstreckt sich über 1 600 km in E-W-Richtung und 500 km in N-S-Richtung und nimmt eine Fläche von nahezu 337 000 km^2 ein. Das Gebiet gehört zur Autonomen Region Xinjiang Uighur.

3.1.2 Klima

Das Tarimbecken ist gekennzeichnet durch ein sehr ausgeprägtes Wüstenklima kontinentalen Zuschnitts. Die durch die meerferne Lage gegebene Kontinentalität wird noch zusätzlich durch den Einfluß der umgebenden Hochgebirge gefördert. Beherrschendes Klimaelement ist, ähnlich wie in der Badanjilin, die extreme Trockenheit. Es existieren seit Anfang der fünfziger Jahre eine Reihe von Klimastationen am Rand der Kernwüste, jedoch keine im Wüsteninneren.

3.1.2.1 Luftdruck und Windsystem

Der Luftdruck (reduziert auf Meeresniveau) weist mit sommerlichem Minimum (Juli: 1 000 hPa) und winterlichem Maximum (Januar: 1 032.5 hPa) einen ausgeprägten Jahresgang auf (vgl. Abb. 2 und Abb. 3). Während der Wintermonate beherrscht eine Antizyklone den Bereich des Tarimbeckens. Das Zentrum der Antizyklone liegt bei etwa 40^0 N, 83^0 E (s. Abb. 30). Die oberflächennahe Konvergenz der Luftmassen liegt in der Umgebung des Niya-He (vgl. Abb. 29, LING Yuquan 1988). Bis zu einer Höhe von 3 000 m ü. M. kommt es zu einer Verlagerung der Luftströmung an der Nordseite des Kunlun-Shan bzw. an der Südseite des Tian-Shan. Oberhalb 3 000 m ü. M. ist der Einfluß des zentralasiatischen Hochlandes und des Tian-Shan auf die Luftströmung gering. Im Winter kommt es zu einer Südverlagerung des außertropischen Westwindgürtels, der durch das Qinghai-Xiziang-Hochland (tibetanisches Plateau) in eine Nord- und eine Südströmung getrennt wird. Infolgedessen tritt an der Nordabdachung des Tian-Shan zunächst eine Südwestströmung auf, die weiter östlich in der Umgebung von Wulumuqi (vgl. Abb. 29) in eine Nordwestströmung übergeht. Dadurch kommt es zu einer Verstärkung des Nordwestwindes.

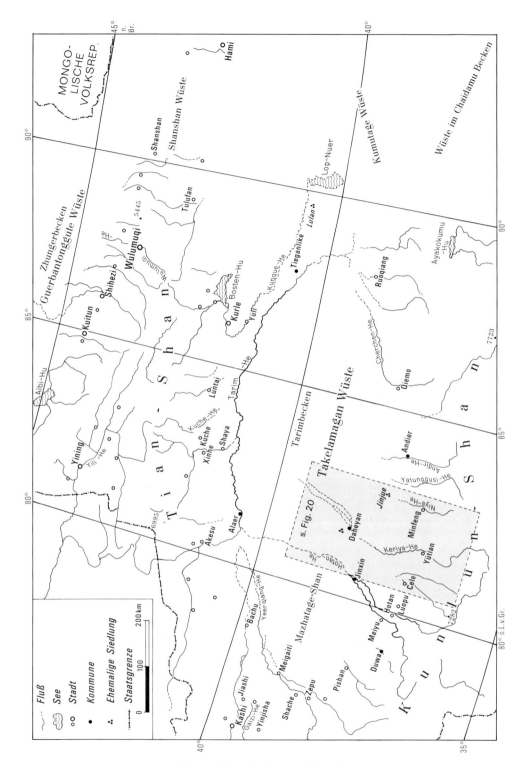

Abb. 29: Tarimbecken und Umgebung

Während der Sommermonate kommt es zur Ausbildung einer Antizyklone im östlichen Bereich der Takelamagan, der eine Zyklone im westlichen Teil der Wüste gegenübersteht (s. Abb. 31). Die oberflächennahe Konvergenz der Luftmassen liegt in der Umgebung des Keriya-He (vgl. Abb. 29). Die beiden unterschiedlichen Luftmassen reichen in Höhen bis durchschnittlich 3 000 m (nach LING Yuquan 1988). Lokale Berg- und Talwindsysteme sowie Hangwinde sind im Randbereich der Takelamagan an vielen Stellen beobachtet worden.

Zwischen 1961 und 1970 wurden weniger Tage mit einer Trübung durch Sand und Staub in der Takelamagan (vgl. Tab. 7) als in der Badanjilin (vgl. 2.1.2) beobachtet.

Tab. 7:
Durchschnittliche Häufigkeit der Lufttrübung durch Sand und Staub in der Takelamagan (Tage/Jahr, aus GEN Kuanhong 1986)

Yütian	Andier	Qiemo	Ruoqiang
7.4	23.8	35.5	54.3

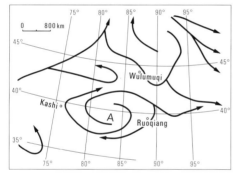
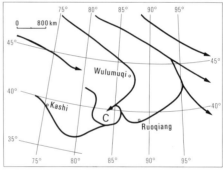

Abb. 30   Abb. 31

Die durchschnittlichen Luftströmungen in 1.5 km Höhe über dem Tarimbecken im Januar (Abb. 30) und im Juli (Abb. 31) (nach LING Yuquan 1988, verändert)

Den Beobachtungen der Klimastationen Ruoqiang und Hotan zufolge läßt sich eine Zunahme der durchschnittlichen monatlichen Windgeschwindigkeiten im Sommerhalbjahr gegenüber denen des Winterhalbjahres feststellen (vgl. Tab. 8 & Tab. 9).

Eine häufige Erscheinung sind die Tromben (Staubwirbel), die vor allem in der Mittagszeit plötzlich auftreten können. Die Tromben wurden von mir während des Geländeaufenthaltes in der Takelamagan und bei Pulu mehrfach beobachtet. Sie verdanken ihre Existenz den auf engem Raum auftretenden Druckunterschieden, die im Zusammenhang mit Überhitzungserscheinungen entstehen. Dieses Phänomen ist auch von anderen Wüsten bekannt (HAGEDORN 1971).

Abgesehen von direkten Windmessungen durch Klimastationen bieten die Dünenfelder und Treibsandflächen ein gutes mittelbares Indiz für die vorherrschenden Windverhältnisse. Nicht nur Windrichtungsmessungen durch Klimastationen, sondern auch Dünenformen verdeutlichen die Regelmäßigkeit der Winde aus verschiedenen Richtungen in Yüli (am Nordostrand der Takelamagan) und in Yütian (im Süden der Takelamagan) (vgl. Abb. 32). Am Westrand der Wüste sind nordwestliche Winde dominierend, dagegen herrschen am Ostrand der Takelamagan nordöstliche Winde vor (vgl. Abb. 33, Tab. 8 & Tab. 9).

Tab. 8:
Monats- und Jahresmittel der Windgeschwindigkeit (m/s) und dominierende Windrichtungen in Ruoqiang (Meßzeitraum: 26 Jahre; aus DOMRÖS & PENG 1988)

Monat	J	F	M	A	M	J
Geschwindigkeit	1.8	2.3	3.2	3.9	3.9	3.4
Richtung	SW	NE	NE	NE	NE	NE
Richtung (%)	12	13	19	20	21	21
Tage ohne Wind (%)	34	29	22			24

Monat	J	A	S	O	N	D	Jahr
Geschwindigkeit	3.0	3.1	2.8	2.2	1.7	1.7	2.7
Richtung	NE	NE	NE	NE	NE	SW	NE
Richtung (%)	23	23	22	18	12	11	17
Tage ohne Wind (%)	27	26	30	34	41	38	29

Tab. 9:
Monats- und Jahresmittel der Windgeschwindigkeit (m/s) und dominierende Windrichtungen in Hotan (Meßzeitraum: 26 Jahre für Geschwindigkeit und 25 Jahre für Richtungen; aus DOMRÖS & PENG 1988)

Monat	J	F	M	A	M	J
Geschwindigkeit	1.5	1.8	2.4	2.5	2.6	2.6
Richtung	SW	SW	SW	W	W	W
Richtung (%)	10	10	11	10	11	12
Tage ohne Wind (%)	31	25	17	17	15	15

Monat	J	A	S	O	N	D	Jahr
Geschwindigkeit	2.3	2.1	2.0	1.9	1.8	1.6	2.1
Richtung	W	SW	SW	SSW	SSW	SW	SW
Richtung (%)	9	10	12	15	13	10	11
Tage ohne Wind (%)	19	20	21	21	23	28	21

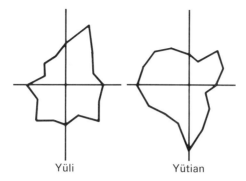

Abb. 32:
Windrosen vom Nord- (Yüli) und Südrand (Yütian) der Takelamagan 1971-1980 (aus LING Yuquan 1988)

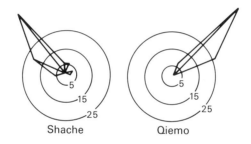

Abb. 33:
Prozentualer Anteil von Sandstürmen ($\geq$ 6 m/s) an den Hauptwindrichtungen am Südwest- (Shache) und Südostrand (Qiemo) der Takelamagan 1961-1970 (aus GEN Kuanhong 1986; verändert)

Während eines Staubsturmes im Tarimbecken in der Zeit zwischen dem 9. und 11. April 1979 hat sich Schluff in einer Mächtigkeit von drei cm auf einer Viehweide bzw. einem Weizenfeld akkumuliert. Nach Berechnung fielen 38 400 Tonnen Schluff pro km^2 in Yüli. In Yüli sind in dieser Zeit 15 000 Stück Vieh infolge der Staubbelastung der Gräser verendet (CHEN Binhao 1983).

LING Yuquan (1988) hat mit Hilfe von Windgeschwindigkeiten und -richtungen die Werte des maximal möglichen Sandtransportes am Rand der Takelamagan berechnet. Diese Werte hängen von den wirksamen Windgeschwindigkeiten und der Dauer der Winde ab. Die Formel lautet:

$$Q = 5.2 \times 10^{-4}(V - V_t)^3 t$$

Q = die Werte des maximal möglichen Sandtransportes [$Tonne/m(Breite) \cdot Jahr$]

V = Windgeschwindigkeit

V_t = kritische Schubspannungsgeschwindigkeit

t = Dauer der Winde

Nach dieser Berechnung ist der mögliche Sandtransport bei Ruoqiang (vgl. Abb. 29) wegen der hohen Windstärken am höchsten. Eine 10 m hohe Düne im Gebiet von Ruoqiang würde etwa 5 m jährlich nach Südwesten wandern. Eine 20 m hohe Düne würde dort nur noch die Hälfte (2.5 m/Jahr) der Strecke bewältigen. Das heißt also: Je höher die Düne ist, desto langsamer wandert sie. Die Dünen im Gebiet von Yütian bewegen sich relativ langsam. Anhand dieser Berechnung würde eine 10 m hohe Düne bei Yütian etwa 8 cm Wanderungsdistanz im Jahr zurücklegen. Die Wanderungsrichtungen der Dünensande sind in der Takelamagan unterschiedlich: am Nordrand nach Südwesten (nordöstliche Winde), am Südwestrand nach Südosten (nordwestliche Winde) und am Südostrand nach Südwesten (nordöstliche Winde).

3.1.2.2 Niederschlag

Die geringen Niederschläge sind typisch für das extrem trockene Klima der Wüste. Der höchste Wert liegt bei durchschnittlich 70.6 mm Jahresniederschlag in Akesu, am Nordwestrand der Wüste (s. Tab. 10). Der Niederschlag nimmt vom Randbereich zum Zentrum ab. Im Hydrogeologischen Atlas der VR China (Institut für Hydrogeologie und Ingenieurgeologie, Peking 1979, S.4) liegt die Takelamagan im Bereich unter 25 mm Jahresniederschlag.

Tab. 10:
Durchschnittlicher Jahresniederschlag (mm, Meßzeit von 1971 bis 1980, vgl. Abb. 29, aus LING Yuquan 1988)

Station	Niederschlag	Station	Niederschlag
Ruoqiang	20.5	Hotan	30.7
Qiemo	19.0	Pishan	46.7
Minfeng	32.0	Shache	44.3
Andier	21.9	Meigaiti	42.6
Yütian	40.6	Kashi	65.4
Jinxin	14.1	Bachu	49.6
Akesu	70.6	Kuche	68.5
Shaya	36.5	Yüli	44.7
Tieganlike	45.7		

Wichtiger als die absolute Niederschlagsmenge ist jedoch die Niederschlagsverteilung und besonders die Dauer der Trockenperioden zwischen den Niederschlägen. Die Stadt Kuche (vgl. Abb. 29) wurde 1958 durch Schlammströme infolge kurzzeitiger Starkregenfälle beschädigt.

In Ruoqiang fiel 1981 111 mm Niederschlag, die 7 fache Menge des normalen Jahresniederschlages von 16 mm (Mittelwerte aus 27 Jahren, vgl. Tab. 11), dabei allein im Juli bei einem Gewitter 73 mm, so daß es zu einer schweren Überschwemmungskatastrophe kam (ZHAO Songqiao & XIA Xongchen 1984). Die hohe Niederschlagsvariabilität wird in Abb. 34 (GEN Kuanhong 1986) verdeutlicht.

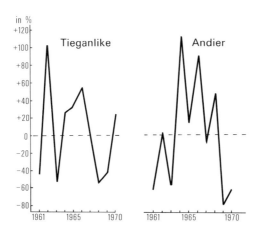

Abb. 34:
Relative Variabilität des Niederschlages am Ostrand der Takelamagan (Tieganlike - im NE, mittlerer Niederschlag 45.7 mm; Andier - im SE, mittlerer Niederschlag 21.9 mm; aus GEN Kuanhong 1986)

Die Niederschläge fallen in der Takelamagan in den Sommermonaten mit einem Maximum im Juni oder Juli. Winterregen werden ebenfalls häufig registriert, wenn auch die Niederschlagsmengen bedeutend geringer als im Sommer sind (vgl. Tab. 11 und Tab. 12).

Tab. 11:
Durchschnittlicher Niederschlag (mm) in Ruoqiang (Mittelwerte aus 27 Jahren, aus DOMRÖS & PENG 1988, S. 342)

J	F	M	A	M	J	J	A	S	O	N	D	Total
1	0.6	0.2	0.6	1	3	6	2	0.5	0.2	0.4	0.7	16.2

Tab. 12:
Durchschnittlicher Niederschlag (mm) in Hotan (Mittelwerte aus 27 Jahren, aus DOMRÖS & PENG 1988, S. 348)

J	F	M	A	M	J	J	A	S	O	N	D	Total
2	3	0.8	3	7	7	4	3	3	0.6	0.4	0.7	34.5

Zu den meßbaren Niederschlägen tritt noch als wichtiger Feuchtigkeitslieferant der Tau. Im Oktober 1986 während der chinesisch-deutschen Takelamagan-Expedition haben wir morgendliche Taubildung in der Takelamagan erlebt. Reichlicher Tauniederschlag wird auch von vielen Wüstenreisenden beschrieben. Beispielsweise beobachtete HAGEDORN (1971) in den Monaten Januar bis März 1965 an vielen Tagen in den verschiedenen Teilen des Tibesti-Gebirges (Sahara) verstärkte Taubildung.

Im Winter kann es in der Takelamagan auch zu Schneefällen kommen. Die ansässige Bevölkerung der Takelamagan berichtete während unseres Aufenthaltes im Oktober 1986 sogar von einer Schneedecke; in Daheyan (vgl. Abb. 29) soll sie 15 cm Mächtigkeit erreicht haben. Wie HEDIN (1903) schrieb, gab es Anfang Januar 1900 in der Takelamagan so viel Schnee, daß die Feuerstellen des vorangegangenen Abends verschneit waren. Weiter schrieb er, daß alle Sachen unter dem Schnee hervorgesucht werden mußten. Auch die Kamele lagen eingeschneit im Kreis und sahen mit den kleinen Schneewehen auf dem Rücken, mit Puder im Fell und Eiszapfen im Kinnbart und am Maul ganz „barock" aus.

Hauptursachen für die Seltenheit der Niederschläge sind Lage und Relief. Die Takelamagan im Zentrum des größten Kontinentes (Eurasien) weist aufgrund dieser Zentrallage eine hohe Kontinentalität des Klimas auf. Die am Rand der Takelamagan stehenden Hochgebirge und Plateaus blockieren die Luftströmungen mindestens bis in Höhelagen von 3 000 m ü. M. Die für den Regen wichtige Tiefenluft kann das Tarimbecken nicht erreichen. Deutlich wird dies im Vergleich zu dem an der Nordseite des Tian-Shan liegenden Zhungerbecken (vgl. Abb. 29): Es erhält Niederschläge über 100 mm im Jahresdurchschnitt, da sich die Gebirgsketten am Westrand in Ost-West Richtung erstrecken und geringe Höhen aufweisen. Daher kann der Westwind diese Beckenregion erreichen.

Eine weitere Ursache für die geringen Niederschläge liegt in der extrem hohen Verdunstung. Die unteren Schichten der Atmosphäre sind so stark überhitzt, daß die am Unterrand der Wolken gut sichtbaren Regenstreifen nicht den Erdboden erreichen, sondern schon in 1 - 2 km Höhe wieder verdunsten.

3.1.2.3 Temperatur

Die Lufttemperaturen folgen im Tagesgang den natürlichen Verhältnissen der Wärmeeinstrahlung bzw. -ausstrahlung. Auch der Jahresgang lehnt sich völlig an den Sonnenstand an. Vom Temperaturgang her sind die Jahreszeiten deutlich zu erkennen (s. Tab. 13). Die Zunahme der Temperaturen (wie auch der Niederschläge) mit abnehmender Höhe und geogr. Breite ist an den Werten der am Rand der Wüste liegenden Stationen sichtbar. Die Jahresamplitude ist bei allen Stationen recht hoch. Bei den nördlichen Stationen ist sie größer als bei den südlichen (vgl. Tab. 14). Generell ist die Temperatur im Jahresdurchschnitt in der Takelamagan höher als in der Badanjilin. Die Klimastationen am Rand der Badanjilin zeigen, daß die Jahresmitteltemperaturen dort zwischen 6.8 - 8.5 °C liegen (vgl. Tab. 4). Fast alle Klimastationen am Rand der Takelamagan verzeichnen eine Jahresmitteltemperatur von über 10 °C (vgl. Tab. 14).

Tab. 13:
Monats- und Jahresmittel der Temperatur in Ruoqiang und Hotan (Meßzeiten: 28 Jahre, aus DOMRÖS & PENG 1988)

Station	J	F	M	A	M	J
Ruoqiang	-8.5	-2.3	7.1	15.4	21.0	25.3
Hotan	-5.6	-0.3	9.0	16.5	20.4	23.9

Station	J	A	S	O	N	D	Jahr
Ruoqiang	27.4	26.0	20.1	11.2	1.6	-6.3	11.5
Hotan	25.5	24.1	19.7	12.4	3.8	-3.2	12.2

Die Temperaturmaxima treten zumeist im Juli (oder Juni) auf (vgl. Tab. 13). Die Variation der absoluten Extreme ist sehr groß, so hat zum Beispiel Ruoqiang ein Minimum von -27.2 °C und ein Maximum von 42.6 °C, Hotan ein Minimum von -21.6 °C sowie ein Maximum von 40.6 °C.

Tab. 14:
Die durchschnittlichen Temperaturen (°C) am Rand der Takelamagan
(nach YANG Lipu 1987, S. 66 - 71; vgl. Abb. 29)

Station	Januar	Juli	Jahr	Station	Januar	Juli	Jahr
Yütian	-5.5	24.7	11.5	Cele	-5.7	24.9	11.7
Luopu	-5.7	24.9	11.5	Hotan	-5.2	25.3	12.1
Meiyu	-6.1	25.0	10.2	Pishan	-6.0	25.4	11.8
Yechen	-6.1	24.5	11.2	Zepu	-6.2	24.9	11.5
Shache	-6.7	25.3	11.3	Yinjisha	-6.8	25.5	11.3
Kashi	-6.0	25.7	11.7	Jiashi	-6.7	25.9	11.7
Bachu	-7.4	25.7	11.6	Akesu	-9.4	25.0	9.8
Alaer	-9.2	26.1	10.7	Shaya	-9.0	24.5	10.5
Xinhe	-8.8	24.7	10.5	Kuche	-8.7	26.3	11.5
Luntai	-8.7	25.0	10.6	Kurle	-8.5	26.1	11.3
Yüli	-10.2	26.3	10.6	Tieganlike	-9.5	26.3	10.6
Ruoqiang	-8.5	27.4	11.5				

3.1.2.4 Luftfeuchtigkeit und Ariditätsfaktoren

Die relative Luftfeuchtigkeit in den Untersuchungsgebieten kann aus den folgenden Tabellen (s. Tab. 15) entnommen werden.

Tab. 15:
Die Mittelwerte der relativen Luftfeuchtigkeit (%) in Ruoqiang und in Hotan (Meßzeiten: 28 Jahre in Ruoqiang und 27 Jahre in Hotan, aus DOMRÖS & PENG 1988, S. 342 und 348)

Station	J	F	M	A	M	J	J	A	S	O	N	D	Jahr
Ruoqiang	57	45	31	26	27	32	35	33	33	38	47	57	38
Hotan	53	49	35	29	35	37	40	44	43	40	45	54	42

Die Takelamagan erscheint in jedem Ariditätsindex als extrem arider Raum, der sich von den übrigen „wüstenhaften" Gebieten deutlich abhebt. Exemplarisch wird der Ariditätsindex der Kommission für Naturraumgliederung in China, Academia Sinica (1959a) verwendet:

$$K = 0.16 \frac{\sum t_{10}}{r_{10}}$$

K = Ariditätsindex

$\sum t_{10}$ = Summe der Tagestemperaturen während der Zeit, in der die durchschnittliche Tagestemperatur über $10^0 C$ beträgt.

r_{10} = Niederschläge während derselben Zeit wie $\sum t_{10}$, mm

Dieser Wert liegt für die Takelamagan über 32, was „extrem arid" bedeutet; demnach ist die Takelamagan noch arider als die Badanjilin, da für die Badanjilin dieser Wert bei ca. 16 liegt. Der Grenzwert für die humide Zone liegt unter 1.

Nach der Klimaklassifikation von KÖPPEN (1931) handelt es sich bei dem Klima der Takelamagan (wie der Badanjilin) um einen Bwk-Typ. Die Takelamagan gehört nach der Klimagliederung der Kommission für Naturraumgliederung in China, Academia Sinica (1959a) zur warm-gemäßigt-ariden Zone, während die Badanjilin zur gemäßigt-ariden Zone zu rechnen ist.

3.1.3 Geologie

Die folgende kurze Zusammenfassung der Geologie des Tarimbeckens lehnt sich an die Veröffentlichungen des Geologischen Instituts, Academica Sinica (1959) an; und an die der Kommission für Naturraumgliederung in China (1959); sowie insbesondere an LI Baoxin & ZHAO Yunchang (1964), REN Jishun et al. (1981) und YANG Hua (1983).

3.1.3.1 Geologischer Aufbau

Die primäre Anlage des Beckens erfolgte im Zeitraum Archäozoikum bis zum Anfang des Proterozoikums. Am Ende des Proterozoikums hatte sich das Becken nach Süden und Norden ausgeweitet. Nach der tektonischen Terminologie wird das Tarimbecken als Plattform bezeichnet. Sie wird im Norden vom Tian-Shan und im Süden vom Kunlun-Shan begrenzt. Sie weist eine Form ähnlich einem Rhombus auf. Eine ganze Reihe von Verwerfungen existiert um und im Becken. In der geologischen Geschichte erlebte das Tarimbecken geringe Hebungen und Senkungen. Während des Mesozoikums und Tertiärs haben sich der Yeerqiang-Graben und der Kuche-Graben (vgl. Abb. 29) gebildet (die gleichnamigen Flüsse folgen heute den Grabenstrukturen). Das Becken war mehrmals mariner Bereich, in dessen Gräben komplexe mesozoische und tertiäre Sedimente abgelagert wurden. Seit dem Miozän ist das Tarimbecken aufgrund tektonischer Ereignisse ein Sedimentationsraum mit kontinentaler Fazies. Während des Neogens gab es große Seen im Yeerqiang-Graben und im Kuche-Graben. Die Neotektonik bewirkte im Tarimbecken Hebungsbeträge zwischen 600 - 1 000 m. Im Zusammenhang mit dem sich stark hebenden Kunlun-Shan und dem Pamir hat der Yeerqiang-Graben größere Hebungsbeträge erfahren als die Bereiche im Norden und im Osten. Daher neigt sich das Becken nach Nordosten. Die aus dem Kunlun-Shan stammenden Flüsse fließen entlang der relativen Senkungszone - erst nach Norden, dann mit den aus dem Tian-Shan stammenden Flüssen zusammen den Nordrand des Beckens entlang nach Osten bis zum Lop-Nuer. Zwischen Hotan und Duwa, am Südsaum des Beckens (vgl. Abb. 29), sind junge Gebirge aufgrund jüngerer Faltungen entstanden. Die liegenden Schichten bestehen aus tertiären Buntsandsteinen und Konglomeraten, die hangenden aus älteren quartären Schottern. Die neotektonischen Bewegungen begannen wahrscheinlich im Mittelpleistozän und bildeten eine komplette Antiklinale aus. Der Oberlauf des Hotan-He (Kalahashi-He) durchbrach die Antiklinale und bildete fünf Terrassen. Die höchste Terrassse liegt 85 m über dem heutigen Flußbett.

Nach den jüngsten tektonischen Beanspruchungen wird das Tarimbecken in vier Hebungsbereiche und vier Senkungsbereiche unterteilt. Die Hebungsbereiche sind relativ groß und liegen im Süden von Kashi, im Gebiet zwischen Yeerqiang-He und Hotan-He, zwischen Hotan-He und Keriya-He, und zwischen Keriya-He, Cherchen-He und Tarim-He (vgl. Abb. 29). Die Senkungsbereiche sind enger und liegen am Akesu, am Mittellauf des Tarim-He zwischen Shaya und Yüli, am Lop-Nuer und im Norden von Ruoqiang (vgl. Abb. 29, Kommission für Naturraumgliederung in China 1959).

3.1.3.2 Stratigraphischer Überblick

Das Tarimbecken selbst ist seit langer Zeit ohne intensive Faltungen geblieben, deswegen haben sich die Sedimente flach oder relativ flach auf den älteren geologischen Schichten abgelagert. Das Becken wird von quartären Sedimenten, insbesondere von äolischen Sanden bedeckt. Ältere Schichten sind nur im Randbereich oder auf Schwellen des Beckens zu beobachten.

Zur Stratigraphie sind die Darstellungen von LI Baoxin & ZHAO Yunchang (1964) und REN Jishun et al. (1981) heranzuziehen. Die präkambrischen Metamorphite und Granite bilden die Basis des Beckens. Im Keping-Massiv (westlicher Tian-Shan) tritt Grauwacke und präkambrischer Quarzsandstein zutage. Die Schichten des unteren Kambriums werden aus roten Sandsteinen mit eingelagertem Salz gebildet. Das mittlere Kambrium ist durch marinen Dolomit, Konglomerate und roten Marmor gekennzeichnet. Das Silur weist rote Sandsteine und Argillite auf. Für das untere und mittlere Devon sind graugrüne kalkhaltige Argillite, feinkörnige Sandsteine und Kalksteine charakteristisch. Im Karbon wurden vor allem Sandsteine mit Kreuzschichtung und Konglomerate sedimentiert.

Permische Konglomerate und Sandsteine sowie triassische Sandsteine, Schluffsteine und Konglomerate finden sich hauptsächlich in der Umgebung von Kuche und der Region um Yeerqiang. Die jurassischen und kretazischen Sedimente treten nur im Westteil des Beckens auf. Der Jura wird durch graue Konglomerate, gelbliche Sandsteine und Tonsteine gebildet. Kretazische rote Konglomerate und hellrote grobkörnige Sandsteine sind vorwiegend im West-Kunlun-Shan und in Kuche zu finden.

Die tertiären Sedimente nehmen einen breiten Raum im Randbereich des Beckens ein. Auf der Nordabdachung des Kunlun-Shan treten tertiäre schluffige Kalksteine, Kalksandsteine, Kalksteine, Schluffsteine, graue Sandsteine mit Gipslagen und Konglomerate auf.

3.1.3.3 Paläogeographie im Quartär

Über die Paläogeographie des Tarimbeckens im Quartär gibt es vier grundlegend unterschiedliche Auffassungen.

Der ersten Auffassung nach gab es ein großes Meer im Tarimbecken während des Quartärs (B. B. SCHUMEF, zitiert in ZHU Zhenda et al. 1981). Lop-Nuer ist der Rest dieses Meeres. Die Dünen sind aus älteren Küstenlinien entstanden, daher sind sie nach Westen orientiert. Dieses Meer reichte bis zur Tulufan-Hami-Depression (vgl. Abb. 29) in Ost-Xinjiang. Das Meer existierte im Früh-Pleistozän. Der Meeresspiegel erreichte eine Höhe von 1 250 m ü. M.

Die zweite Auffassung stammt von NORIN (1932) und B. M. SINITZYN. Nach Meinung von NORIN (1932) gab es einen Süßwassersee im Zentrum der Takelamagan. Die Flüsse flossen von allen Richtungen in den See und brachten ihre Sedimentfracht mit. Diese Auffassung wurde von B. M. SINITZYN (zitiert in ZHU Zhenda et al. 1981) bestätigt. Er hat quartäre Seesedimente (Sand und Schluff) am Ufer des Hotan-He, des Keriya-He und am Westrand des Beckens beobachtet. Auf der Südabdachung des Ost-Mazhatage-Shan (vgl. Abb. 29) sieht man noch die Spuren von Brandungserosion und die Reste von Seeablagerungen. Dieser See wurde vom Mazhatage-Shan im Norden und von den Hotan-Pishan-Oasen im Süden (vgl. Abb. 29) begrenzt.

Der dritten Auffassung nach besteht der Boden der Wüste aus Flußsedimenten. Diese Meinung wird von ZHU Zhenda et al. (1981) vertreten. Der Südteil der Takelamagan befindet sich im Bereich der aus dem Kunlun-Shan stammenden Alluvialfächer und der Deltas. Vermutlich haben Keriya-He, Hotan-He und Andier-He gemeinsam ein breites Delta gebildet. In der südlichen Fußzone des Tian-Shan war eine Reihe von aus dem Tian-Shan stammenden Alluvial- und Fluvialfächern ausgebildet, auf deren Aufschüttungsebene sich die Dünen entwickelt haben. Der See existierte nur im Bereich des Lup-Nuer.

Die vierte Auffassung besteht darin, daß die Akkumulationen im Westteil der Takelamagan fluvialen Ursprungs sind, während sie im Ostteil Seesedimente sind. In der Aufschüttungebene der Kashi-Region zeigt eine Bohrung bis zu einer Tiefe von 300 m, daß die Sedimente aus fluviatilen Sanden und Schluff bestehen. Es gibt auch zwei zwischengeschaltete Schotterlagen. Sie stehen wahrscheinlich mit Überschwemmungen in Zusammenhang. Östlich des Niya-He, am Unterlauf des Yatunggusi-He (vgl. Abb. 29) und nördlich von Ruoqiang haben die Sanddünen eine Ebene aus Seesedimenten bedeckt. Der Yatunggusi-He hat diese Seesedimente über 10 m tief zerschnitten (LI Baoxin 1964).

Eigene Ergebnisse diesbezüglich sind unter 3.4.3 aufgeführt.

3.1.4 Vegetation

Infolge der geringen Niederschläge ist die Sandwüste Takelamagan fast völlig vegetationslos. Mobile Sanddünen besetzen 85 % der Gesamtfläche der Takelamagan (ZHU Zhenda et al. 1980). Während der chinesisch-deutschen Expedition 1986 haben wir in den tiefsten Dünentälern *Tamarix*-Sträucher oder *Phrag* angetroffen. Die Dünen selbst sind völlig vegetationslos. Die hydrographischen Verhältnisse bestimmen die Vegetationsausbildung. Die Vegetationsformationen sind:

I. Die nur mit wenigen Zwergsträuchern *Ephedra, Zygophyllum, Gymnocarpus, Sympegma, Anabasis* bestandenen Hänge der Randgebirge;

II. Die sehr kümmerliche psammophile Vegetation der Dünenfelder und der kleineren Sandgebiete zwischen den Flußauen;

III. Die halophile Vegetation der alten Flußläufe und Deltabildungen, die sich aus Annuellen (*Salsola, Suaeda, Halogeton*), Zwergsträuchern (*Kalidium, Halocnemum, Nitraria*), Sträuchern wie *Tamarix, Halostachys, Nitraria schoberi* und den seltenen Baumbeständen von *Haloxylon ammodendron* zusammensetzt;

IV. Die für das Tarimbecken besonders charakeristische Auenvegetation der Flußläufe und Oasen des Randgebietes. Diese Flußauen erinnern sehr stark an die Tugai-Vegetation Mittelasiens (TIAN Yuzhao 1988), nur sind sie hier in dem schwach besiedelten Gebiet noch etwas weniger durch den Menschen verändert. Deshalb nehmen hier die Baumbestände von *Populus diversifolia* und *P. pruinosa*, oder *Ulmus pumila* an den kleineren Flußläufen fast die ganzen Auenflächen ein, und offenes Gras oder Röhrichtflächen treten zurück. Sehr häufig sind auch *Hippophaea rhamnoides* sowie *Tamarix ramosissima* und *Eleagnus*.

Insgesamt ist die Flora des Tarimbeckens artenarm. Endemische Arten fehlen ungeachtet der starken Isolierung des Gebietes. Es überwiegen turanisch-dsungarische Elemente, wenn auch mongolische nicht fehlen.

Die Tugai-Vegetation ist seit jüngerer Zeit stark degradiert. Nach SHI Ming & LUI Yuhua (1983) gab es 5 800 000 Hektar Tugai-Forst mit der dominierenden Art *Populus euphratica* im Jahr 1958, davon blieben nur 280 000 Hektar im Jahr 1978 übrig. Nach CHEN Binhao (1983) sind 54 000 Hektar Wald aus *Populus euphratica* verschwunden, weil die Überschwemmungsflächen der Flüsse sich verändert haben.

Die hypsometrische Veränderung der Vegetation ist am Randgebirge deutlich zu beobachten. Dies wird an einem Beispiel aus dem Tuomur-Gebirge des Tian-Shan deutlich. An seiner Südabdachung sind folgende Vegetationstypen festzustellen (PENG Buzhue & NI Shaoxiang 1980):

unter 2 000	m:	gemäßigte Wüste
2 000 - 2 500	m:	kalt-gemäßigte Wüstensteppe
2 500 - 3 200	m:	kalt-gemäßigte Trockensteppe
3 200 - 3 800	m:	kalt-alpine Matten

3.2 Morphologische Landschaftstypen

Im Tarimbecken kann eine konzentrische, zentral-periphere Veränderung der aktuellen morphologischen Landschaftstypen festgestellt werden. Das aerodynamische Relief - die geschlossenen Dünenfelder - befindet sich im Kernbereich des Beckens. Um diesen Bereich herum liegen die Sandschwemmebenen (im Sinn von HÖVERMANN 1985). In den umrahmenden Gebirgen lassen sich zwei unterschiedliche Regionen ausgrenzen: Das löß- und sandbedeckte Hügelland mit Wüstenschluchten und die alpine Höhenstufe (die Hochgebirgsregion). Als Vorzeitformen sind im Randbereich die großen glazifluviatilen Schotterkegel und Moränenfelder (vgl. HÖVERMANN & HÖVERMANN 1991) deutlich erkennbar. Darüber folgen gebirgseinwärts Tröge und Kare. Zur Erläuterung der morphologischen Landschaftstypen des Tarimbeckens kann der Bereich des Keriya-He als Exempel angesehen werden (vgl. Abb. 35).

3.2.1 Aerodynamisches Relief

3.2.1.1 Dünen

Im Tarimbecken zeigt sich die Wirkung des Windes in ausgedehnten Dünenkomplexen, die sich auch in den Randbereich hineinziehen. Außerhalb des im Westteil liegenden Gebirges Mazhatage-Shan und der Flußufer ist das ganze Gebiet von Dünen bedeckt. Diese Dünen erreichen häufig Höhen von 100 - 150 m. 80 % der Dünen sind über 50 m hoch (ZHU Zhenda et al. 1980). Entlang der Expeditionsroute 1986 wurden Höhen von bis zu 70 m von mir gemessen (Abb. 36).

Deflationsformen befinden sich überwiegend am Ostrand der Takelamagan. Es handelt sich dabei um Yardangs.

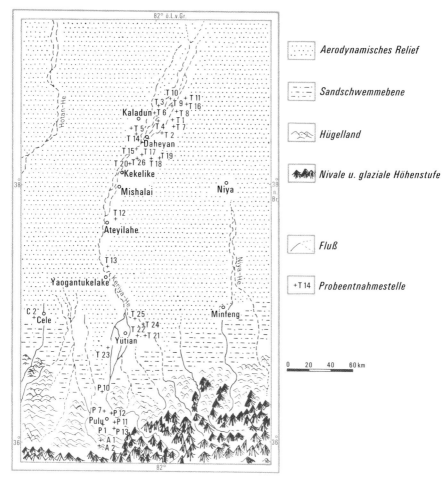

Abb. 35:
Morphologische Einheiten im Bereich des Keriya-He (Takelamagan; vgl. Abb. 29)

Nach ZHU Zhenda et al. (1980) und eigenen Beobachtungen können die Dünenformen zu fünf Haupttypen zusammengefaßt werden:

A: Komplexe Barchane und Barchanketten: Kleine Barchane überlagern größere auf deren Luvseite. Die sekundären Dünen treten besonders im oberen Bereich der primären Dünen sehr dicht auf. Die Streichrichtung der Megadünen verläuft senkrecht oder 60^0 bis 90^0 zur Hauptwindrichtung. Im Unterlauf des Keriya-He befinden sich komplexe Dünen mit einer Höhe von 20 bis 40 m als Einzelformen. Am Nordrand von Pishan und nordwestlich von Meiyu sind die komplexen Barchane miteinander zu Ketten verbunden. Ihre Länge erreicht 1 bis 3 km bei einer Breite von 300 - 500 m. Im aktuellen Unterlauf des Tarim-He erreichen manche Barchanketten sogar eine Länge von 5 bis 15 km sowie eine Breite von 1 bis 2 km bei Höhen von 100 bis 150 m. Querdünen (z. B. Barchane) sind im Hinblick auf die herrschenden NE- bis E-Winde schon vor längerer Zeit durch HEDIN (1904) aus dem östlichen und südlichen Tarimbecken beschrieben worden. In den breiten Depressionen zwischen den Dünenwällen liegen dort bodenfeuchte „Kölf" und „Bajire".

B: Komplexe longitudinale Dünenketten: Diese Dünen befinden sich hauptsächlich im Bereich zwischen 82^0 und 85^0 E und zwischen Mazhatage-Shan und Pishan. Die Dünen stehen parallel zur Hauptwindrichtung oder weniger als 30^0 davon abweichend. Diese Dünenketten sind normalerweise 50 m bis 80 m hoch und erstrecken sich über 10 km bis 20 km. Zwischen den Längsdünen existieren kleinere Dünen, die weniger als 10 m hoch sind. Die Längsdünen haben naturgemäß keine ausgesprochenen Luv- und Leeseiten. Aber ihnen sitzen häufig untergeordnete sekundäre Formen auf, die sich im Grundriß wie eine kurze Fiederung der Längsdünen ausnehmen. In der Hauptwindrichtung werden die Longitudinaldünen an ihren Enden schmal, lang und spitz.

Nach BAGNOLD (1941) können sich die Längsdünen sogar aus Barchanen entwickeln, wenn diese bei wiederholtem Wechsel zwischen einer Hauptwindrichtung und nur wenig abweichenden Nebenwindrichtungen seitlich geschwenkt und in die Länge gedehnt werden. Dagegen vertritt VERSTAPPEN (1968) die Auffassung, daß sich nach der Interpretation von Luftbildern aus der Tharr und der Arabischen Wüste Längsdünen aus Parabeldünen entwickeln.

Längsdünen, einschließlich der Sifs und Silks, sind die verbreitetsten Dünenformen in der Sahara, der Namib, der Lut, der Rub'al Khālī in Arabien und der Simpson Desert in Australien. In der Sahara nehmen sie rund 70 % aller Flugsandgebiete ein. In diesen Bereichen sind sie beschränkt auf die Region des Kernpassats (ganzjährig strenge NE-Winde) und entsprechen als Transport- oder Akkumulationskörper dem aus Windgassen und Windrücken bestehenden Felsrelief der Kernpassat-Region. Ordnet man die Längsdünen dem Kernpassat zu, so können sie sich selbstverständlich auch aus beliebigen anderen vorgegebenen Dünenformen (etwa in Sinne von BAGNOLD 1941 und VERSTAPPEN 1968) entwickeln. Solche Entwicklungen können anzeigen, daß ein Dünengebiet, das früher nicht in der Region ganzjährig-richtungsbeständiger Winde gelegen hat, im Holozän in eben diese Windregion geraten ist. Als Vorzeitformen sind Längsdünen im Gebiet um Auob und Nossob (Namibia) vorhanden.

C: Pyramidendünen: Diese Dünen treten im Bereich zwischen Yütian und Qiemo und an der Nordseite von Mazhatage-Shan sowie im Ostbereich von Bachu (vgl. Abb. 29) auf. Diese Dünen weisen mehrere dreieckige Schrägflächen mit Neigungswinkeln zwischen 25^0 und 30^0 sowie einen scharfen Kamm auf. Jede Schrägfläche repräsentiert eine bestimmte Windrichtung. Zum Beispiel haben die Pyramidendünen drei bis vier Schrägflächen, die gegen die NE-, NW- und die aus dem Kunlun-Shan stammenden SW- und S-Winde gerichtet sind. Sie kommen in der Regel in der Takelamagan in Gebieten mit häufig wechselnden Windrichtungen bei vergleichbaren Windgeschwindigkeiten vor, besonders in der Nähe des Gebirgsbereiches oder im Bereich niedriger Schwellen und stehen isoliert in einer sie umgebenden Sandfläche (vgl. 2.4.1).

D: Fischschuppenartige Dünen: Im West- und Nordwestteil der Takelamagan treten diese Dünen sehr dicht geschart auf. Die Luvseite einer Düne beginnt an der Leeseite einer anderen Düne. Ein Zwischenraum ist nicht zu erkennen. Die einzelne Düne zeigt eine deutlich ausgeprägte, flach geneigte Luvseite und eine steil geneigte Leeseite. Sie liegt dementsprechend mit ihrer Längsrichtung quer zum Wind, der die Flach- und Steilböschung aufgeprägt hat. Die Dünenansammlungen ähneln Longitudinaldünen.

Abb. 36:
Die Dünenlandschaft bei Ateyilahe in der Takelamagan (vgl. Abb. 35; Oktober 1986)

E: Kuppelartige Dünen: Diese Dünen befinden sich generell im Nordostbereich der Takelamagan. Sie weisen keine eindeutige Asymmetrie auf. Luv und Lee sind gleich; sekundäre Dünen haben sich dicht nebeneinander entwickelt. Die kuppelförmigen Dünen sind normalerweise 40 - 60 m hoch. Der Grundriß dieser Dünen ist ellipsenförmig oder kreisrund.

3.2.1.2 Flußufer und -terrassenbereiche

Ähnlich wie in der Badanjilin läßt sich die Veränderung der Vegetationszusammensetzung im Uferbereich der Flüsse aufgrund der unterschiedlichen Verfügbarkeit des Grundwassers erkennen (vgl. Abb. 37). Der höchsten Terrasse sitzen hohe rötliche Dünen auf; sie liegt etwa 20 m über dem Flußbett. Gelegentliche Ausbisse von Kalk deuten an, daß sie mindestens stellenweise durch Kalk inkrustiert worden ist. Nach ^{14}C-Datierungen ist die Terrasse 28 000 Jahre alt (HÖVERMANN & HÖVERMANN 1991). Das nördlichste Vorkommen dieser Terrasse wurde 60 km nördlich von Yütian beobachtet.

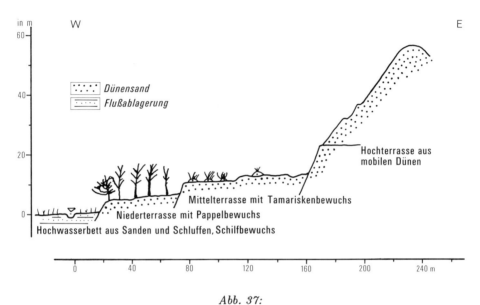

Abb. 37:
Landschaftsprofil am Unterlauf des Keriya-He bei Kekelike (vgl. Abb. 35)

Die Mittelterrasse tritt 8 bis 10 m über dem Flußbett auf und ist durch einen besonders ausgeprägten Besatz mit Tamariskenhügeln charakterisiert. Sie scheint stellenweise zweistufig zu sein und ist dann im höheren Teil besonders stark durch Wind ausgeblasen und mit niedrigen gelben Dünen besetzt. Auf dieser Terrasse findet starke Winderosion statt. Die Flugsande der Hochterrasse überlagern stellenweise auch diese Terrasse.

Die tiefste Terrasse liegt etwa 1 bis 4 m über dem Flußbett und ist durch den Bewuchs mit *Populus euphratica* charakterisiert. Aufgrund des Wassermangels ist die Degradierung der *Populus euphratica*-Wälder deutlich zu beobachten. Unter der Einwirkung des Windes sind kleine Barchane auf der sandigen Terrasse entstanden. Die Bildung der Dünen wird durch die Degradierung der Pflanzendecke begünstigt.

Im Bereich des Hochwasserbettes tritt wegen der Grundwassernähe verstärkt *Phragmites communis* auf. Hier kommt es zu keiner Dünenbildung.

3.2.2 Bereich der Sandschwemmebenen

Zwischen den Dünenfeldern der zentralen Takelamagan und dem Gebirgsrand liegt ein unterschiedlich breiter (20 - 80 km) Saum von schiefen Ebenen, die vom Dünenfeld aus gegen das Gebirge hin ansteigen. Stellenweise läßt sich eine Terrassierung dieser Bereiche beobachten. Nur stellenweise sind sie vollkommen im Sinne von Sandschwemmebenen (HÖVERMANN 1985, vgl. 2.2.3) entwickelt und bestehen aus mächtigeren Sandablagerungen. Meistens liegen die Sande als relativ dünner Schleier über Schottern und Kiesen (Abb. 38); in diesen Fällen ist als Ausgangsform der aktuellen Sandschwemmebenen-Bildung generell die Gestalt von großen Schwemmfächern erkennbar, die ursprünglich durch heute sandverfüllte Rinnen gegliedert waren. In vielen Fällen sind die bedeutendsten Rinnen nachträglich vertieft und zu schluchtartigen Einschnitten umgewandelt worden; das ist immer dann der Fall, wenn aus dem Gebirge austretende Flüsse die Sandschwemmebene durchqueren. Sonst ist die Umwandlung der Schwemmfächerflächen zu einer schiefen Ebene unterschiedlich weit fortgeschritten: am weitesten stets am unteren Ende der vorzeitlichen Schwemmfächer, am wenigsten weit dort, wo diese ihre höchste Lage nahe am Gebirgsrand erreichen.

Abb. 38:
Die Schwemmfächer als Basis der aktuellen Sandschwemmebenen-Bildung, nördlich von Yütian (September 1986)

Genau wie im Bereich der Badanjilin nimmt die Korngröße mit zunehmender Entfernung vom Gebirge ab. Allerdings weist der größte Teil der Materialien unter dem Sand sehr grobe Korngrößen auf. Soweit nicht Dünen- und Sandfelder den Untergrund bilden, findet man in höheren Lagen stets Schotter, Kiese und evtl. fluviatil geschichtete gröbere Sande, in tieferen Lagen dagegen stets feinkörniges, überwiegend schluffiges Material (vgl. Abb. 39). Diese Sand- und Kiesschwemmebenen werden in der chinesischen Sprache als Akkumulationsgobi bezeichnet (vgl. 2.2.5).

Die Schwemmfächer finden im Bereich des Keriya-He Anschluß an durch Moränenablagerungen gekennzeichnete Eisrandlagen, von denen die unterste schon außerhalb des Gebirgsrandes in 1 800 m Höhe gelegen ist.

Das Niveau der Sandschwemmebene wirkt als vorläufige Abtragungsbasis des gesamten Gebietes. Im Bereich der Badanjilin ragen Restberge oder Klippen resistenter Gesteine stellenweise über sie auf (vgl. 2.2.3). In ihrem Umkreis liegt in der Regel dicht unter der dort nur dünnen Sanddecke der anstehende Fels. Im Bereich der Takelamagan ist die Aufschüttung so mächtig, daß ich während meiner zweimonatigen Feldarbeit keine Klippen aus hartem Gestein auf Sandschwemmebenen entdeckt habe.

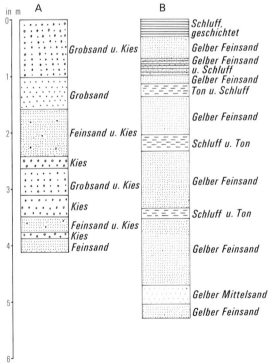

Abb. 39:
Aufschlußprofile aus dem Bereich der Sandschwemmebene (A - ca. 10 km südlich von Yütian; B - östlich von Yütian am Ufer des Keriya-He, vgl. ZHU Zhenda et al. 1981)

3.2.3 Löß- und sandbedecktes Hügelland

Südlich der Sandschwemmebenen dominieren die Prozesse der Auflagerung lößähnlicher, äolischer Sedimente im Gebirgsvorland des Kunlun-Shan. Der Gebirgskörper erscheint wie mit einem Schleier aus Feinsand und Staub verhüllt (s. Abb. 40). Die Mächtigkeit der äolischen Sedimente beträgt im Gebirgsbereich bis 80 m. Durch die Tiefenerosion der Flüsse hat sich eine Hügellandschaft am Südrand der Takelamagan zwischen 2 000 m und 3 000 m entwickelt. Am Berghang ist die fluviale Erosion gering. Die Ausmaße der Erosionsrinnen liegen im Meterbereich. Das Gletscherschmelzwasser ist in diesem Bereich viel wichtiger für die Talbildung als das Niederschlagswasser.

Abb. 40:
Löß- und sandbedecktes Hügelland bei Pulu (September 1986)

Die feinen Materialien, gelb-rötliche Feinsande und Schluffe, die den Gebirgskörper bedecken, müssen aus der Takelamagan stammen und vom Talwind und den in der Region vorherrschenden Winden aus nördlicher Richtung hierher transportiert worden sein. Der aktuelle Prozeß der Sand- und Staubakkumulation kann auch durch die eigenen Feldbeobachtungen bestätigt werden. Allerdings wird ein Teil der Staub- und Sandsedimente vom nächtlichen Bergwind zurück in tiefere Lagen transportiert. Die Sandfracht der Flüsse zeichnet sich dagegen durch helle Farben (weiß) und gröbere Korngrößen (Grobsand und Mittelsand) aus (vgl. 3.3.1).

Südlich von Pulu stehen vulkanische Basalte in Wechsellagerung mit Grobschottern an (Abb. 41). Dies beweist, daß an der Nordabdachung des Kunlun-Shan sehr junger Vulkanismus vorhanden ist und macht neotektonische Bewegungen wahrscheinlich.

Im Talbereich treten vorzeitliche Moränenreste zutage. Außer den an die jeweiligen Eisrandlagen anschließenden glazigenen Schotterfluren des Jungmoränenkomplexes zwischen 2 000 m und 2 450 m treten auch in der Umgebung unseres Feldlagers Pulu mächtige Schotterkörper auf, die teilweise durch die Gletscher ausgeräumt worden sind und stellenweise von Moränenmaterial überlagert wurden (vgl. Abb. 42).

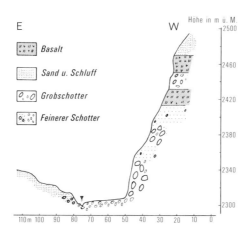

Abb. 41:
Basaltlagen in Lockersedimenten des Gebirgsvorlandes südlich von Pulu

Eine Datierung ist aufgrund eines 97 m hohen Profils möglich, das LI Baosheng und seine Mitarbeiter an der Wand und im Hangbereich des Beckens von Pulu aufgenommen haben. Nach LI Baosheng et al. (1988) sind die Schotter- und Sandlagen des Profils fluviale Ablagerungen. Während der 1. chinesisch-deutschen Kunlun-Takelamagan Expedition haben die Teilnehmer dasselbe Profil untersucht. Prof. Hövermann hat die unterhalb 65 m im NE-exponierten Talhang (vgl. Abb. 42) auftretenden Schotter als glazifluviatil angesprochen, die sich oberhalb 65 m befindenden Schotter dagegen ebenso wie die in verschiedene Terrassen gegliederten Geschiebelehme des SW-exponierten Hanges als Moränenmaterialien bezeichnet. Ich schließe mich aufgrund meiner eigenen Geländebeobachtungen der Auffassung von Hövermann an. Außerdem habe ich mit Prof. Besler moränisches Material noch bis in Höhen oberhalb 3 000 m ü.M., also 400 m über Talgrund, an den Hängen des Profils beobachtet. Es handelt sich dabei um Blöcke (Durchmesser: etwa 0.5 - 1.5 m) und Schotter von kristallinem Material, die auf dem anstehenden Schiefer liegen. Die zeitliche Einordnung der Moränen bei Pulu könnte in etwa der des Pommerschen Stadiums der nordischen Weichsel-Vereisung entsprechen. Die Gletscher erreichten wahrscheinlich nach 31 000 Jahren v. h. ihren Höchststand (vgl. HÖVERMANN 1988).

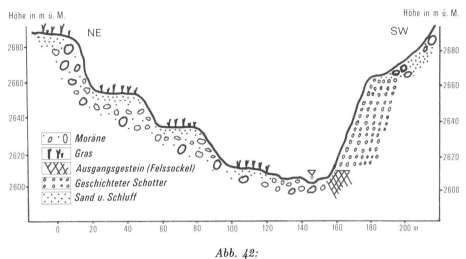

Abb. 42:
Landschaftsprofil am Oberlauf des Keriya-He bei Pulu (vgl. Abb. 35)

3.2.4 Nivale und glaziale Höhenstufe

Oberhalb etwa 4 000 m wird die Region durch nivale Formung geprägt. In den Talschlüssen und an den Talhängen treten aktuelle Nivationstrichter auf. Im obersten Teil dieser Stufe nivaler Formung sind noch zahlreiche mutmaßlich perennierende Schneefelder vorhanden. In Höhen zwischen 3 000 m und 4 000 m sind die eiszeitlichen Nivationsformen trotz der aktuellen periglazialen Umformung noch eindeutig erkennbar. Die Nivationstrichter der aktuellen wie der eiszeitlichen Stufe nivaler Formung haben eine lichte Weite von 300 m - 500 m (vgl. Abb. 43).

An die Höhenstufe nivaler Formung schließt sich die Gletscherregion an. Nach HÖVERMANN (1988) liegt die Schneegrenze im Kunlun-Shan in Nordexposition in Höhen um 5 200 m. Dies stimmt mit der Karte „Map of snow, ice and frozen ground in China" (chief editor: SHI Yafeng 1988) überein. Die Gletscher sind Tal- und Kargletscher. Das Einzugsgebiet des Keriya-He reicht im Süden bis ins tibetische Hochland hinein. Er durchbricht nicht nur die Randkette, sondern auch die Hauptkette des Gebirges. Diese Hauptkette des Kunlun-Shan begrenzt das tibetische Hochland nach Norden. Die Gipfel erreichen am Westrand des Keriya-He Höhen von mehr als 6 500 m (vgl. Abb. 29). Die Randkette des Kunlun-Shan ist 3 400 - 4 000 m hoch. Sie besteht aus proterozoischen Quarziten, Phylliten, Glimmerschiefern und Marmor. Eine Reihe von Horst- und Grabenbereichen haben sich parallel zur Streichrichtung entwickelt. Die Hauptkette im Bereich des Oberlaufes des Keriya-He weist eine paläozoische Faltung auf und besteht überwiegend aus ordovizischen und silurischen Sandsteinen und Schiefern. So erklärt sich der sehr bunte petrographische Bestand der in den Randbereichen der Takelamagan abgelagerten Moränen und glazifluviatilen Schotter.

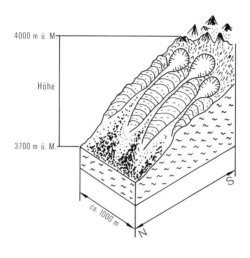

Abb. 43:
Beispiele vom Nivationstrichtern (schematisch) südlich von Pulu am Kunlun-Shan

3.3 Sedimentologische Untersuchungen

Ähnlich wie in der Badanjilin wurden die Arbeiten in der Takelamagan in der ersten Phase im Gelände durchgeführt. Die Geländeuntersuchung betraf alle Bereiche der oben aufgeführten geomorphologischen Landschaftstypen. Im Gelände erstreckten sich die Arbeiten auf eine genaue morphographische und morphogenetische Erfassung bzw. Ansprache der Oberflächenformen sowie eine geomorphologische Kartierung ausgewählter Geländebereiche. Aufschlüsse wurden skizziert und vermessen; zahlreiche Grabungen wurden ausgeführt. Viele Sedimentproben wurden genommen. Obwohl sie erst zum Teil im Labor bearbeitet werden konnten, können aufgrund der Probenanalysen die sedimentologischen Eigenschaften im folgenden dargestellt werden:

3.3.1 Granulometrie

Die aus der Takelamagan entnommenen Sedimentproben lassen sich in die großen Gruppen der Dünenkammsande, Dünenbasissande, Flußsande und Schluffe unterteilen. 66 Sedimentproben wurden von ZHANG Huanxin im Lanzhou Institut für Wüstenforschung granulometrisch analysiert. Die Korngrößenparameter wurden nach FOLK &

WARD (1957) berechnet (s. Tab. 16). Genau wie bei der Bearbeitung der Badanjilin wurden diese Daten für die Auswertung verwendet.

3.3.1.1 Textur

Die Korngrößengruppen der feinen Materialien werden hier nach der Einteilung von WANG Tingmei und BAO Yunyin (1964) klassifiziert. Diese Auffassung stammt aus der chinesischen Lößforschung im Mittellauf des Huang-He (vgl. Abb. 1) und ist in China weit verbreitet. Der Äquivalentdurchmesser ist für jede Fraktion wie folgt:

Mittelsande:	1 - 2 ϕ	(0.25 - 0.5 mm)
Feinsande:	2 - 3.32 ϕ	(0.10 - 0.25 mm)
Feinstsande:	3.32 - 4.32 ϕ	(0.05 - 0.10 mm)
Grobschluff:	4.32 - 6.64 ϕ	(0.01 - 0.05 mm)
Feinschluff:	6.64 - 7.64 ϕ	(0.005 - 0.01 mm)
Ton:	> 7.64 ϕ	(<0.005 mm)

Die Sandkörner aus dem Dünenbereich bestehen bis zu 95 % aus Fein- und Feinstsanden, wobei Feinsande dominieren. Generell haben Mittelsande an der Textur der Dünensande nur einen geringen Anteil; aber in Daheyan und Ateyilahe (vgl. Abb. 35) bestehen die Dünensande etwa zu 30 % aus Mittelsanden. Die Proben T13-A und T13-B sind am selben Ort entnommen (vgl. Abb. 35). Die Probe T13-A beinhaltet Kammsande und liegt über den fluvialen Materialien T13-B. Die Verteilungen der Korngrößen (s. Abb. 44) deuten darauf hin, daß die Dünensande (T13-A) viel gröber als ihre Grundschicht (T13-B) sind. Den Dünensanden fehlen die Schluff- und Tonanteile, die die wichtigsten Bestandteile der Grundschicht sind. Die Fein- und Mittelsande, die Hauptbestandteile der Dünensande sind (wobei die Feinsande überwiegen), kommen hingegen in der Basisschicht nur in geringen Mengen vor. Interessant ist die schlechtere Sortierung der Dünensande, die noch schlechter ist als die Sortierung der unteren Grundsedimente. Dies läßt vermuten, daß diese Dünensande nicht direkt aus den untereren Grundsedimenten kommen und die Dünensande einen längeren äolischen Transportweg erlebt haben. Die Proben P2, P7, P10 und P11 sind bei Pulu (vgl. Abb. 35) entnommen. Diese Proben zeigen, daß die Deckschicht auf dem löß- und sandbedeckten Hügelland (vgl. 3.2.3) überwiegend aus Feinstsanden und zu geringen Anteilen aus Schluffen und Ton besteht. In diesem Bereich kommen Feinsande und Mittelsande nur am Flußufer vor.

Tab. 16:
Korngrößenparameter[11] *der Sedimentproben (Probennummer: vgl. Abb. 35)*

Probe	$M_z(\phi)$	$\delta(\phi)$	$Sk(\phi)$	$k(\phi)$	Bemerkungen
T1-1	4.03	0.53	0.63	2.48	unterere Flußterrasse
T1-2	3.93	0.26	0.45	1.97	mittlere Flußterrasse
T1-3	3.92	0.35	0.49	2.77	obere Flußterrasse
T2-1	3.19	0.75	-0.32	0.66	Dünenkamm-Sande (3 m hoch)
T2-2	3.90	0.41	-0.30	1.92	Dünenfuß-Sande
T3-1	3.25	0.68	-0.43	0.78	untere Dünensande
T3-2	2.92	0.68	0.23	0.68	etwa 10 m hoch
T3-3	3.19	0.56	-0.06	0.74	etwa 20 m hoch
T3-4	3.04	0.61	0.06	0.74	Dünenkamm-Sande (30 m hoch)
T4	3.99	0.21	-0.08	0.72	Sandrippel am Flußbett
T5-1	3.91	0.25	-0.09	1.08	untere Flußterrasse
T5-2	4.71	0.91	0.70	0.98	mittlere Flußterrasse
T5-3	3.28	0.64	-0.15	0.70	obere Flußterrasse
T6	3.89	0.27	-0.13	1.54	Dünenkamm-Sande (1 m hoch)
T7-1	3.32	0.58	-0.22	0.73	Dünenfuß-Sande
T7-2	3.39	0.54	-0.44	0.74	etwa 10 m hoch
T7-3	3.01	0.64	0.14	0.70	etwa 20 m hoch
T7-4	2.9	0.62	0.21	0.77	etwa 30 m hoch
T7-5	2.88	0.57	0.23	0.98	Dünenkamm-Sande (etwa 40 m hoch)
T8	3.67	0.35	-0.38	1.28	Dünenkamm-Sande
T9	2.93	0.63	0.25	0.74	Dünenkamm-Sande
T10-A	2.80	0.64	0.36	0.79	2 m hohe alte Düne
					von Überschwemmungssilt bedeckt
T10-B	3.44	0.53	-0.50	0.91	2 m hohe junge Düne
T11-1	3.64	0.42	-0.43	1.50	1.5 m unter Gof
T11-0	3.49	0.49	-0.46	0.86	Sandfläche zwischen den Dünen
T12-1	3.04	0.88	-0.35	1.86	Dünenfuß-Sande; vgl. Abb. 45
T12-2	3.19	0.88	-0.63	0.58	
T12-3	2.61	0.85	0.66	0.65	
T12-4	3.17	0.76	-0.35	0.58	
T12-5	2.80	0.74	0.53	0.54	
T12-6	2.95	0.68	0.24	0.55	
T12-7	2.75	0.77	0.54	0.56	
T12-8	2.24	0.24	0.40	0.56	Dünenkamm-Sande
T12-9	2.23	0.34	0.33	2.21	
T12-10	2.44	0.69	0.53	1.16	
T12-11	3.22	0.76	-0.59	0.60	
T12-12	3.01	1.00	-0.44	0.59	
T12-13	3.56	0.50	-0.56	1.28	
T12-14	3.42	0.66	-0.62	1.10	
T12-15	3.12	1.02	-0.71	0.61	Dünenfuß-Sande
T13-A	2.51	0.47	0.41	1.46	Dünenkamm-Sande
T13-B	4.35	0.53	0.50	2.87	Grundschicht (fluvial)
T14	2.70	0.73	0.46	0.87	Dünenkamm-Sande

Probe	$M_z(\phi)$	$\delta(\phi)$	$Sk(\phi)$	$k(\phi)$	Bemerkungen
T15	2.3	0.57	0.43	1.42	Dünenkamm-Sande
T16	2.8	0.51	0.16	1.18	Dünenkamm-Sande
T17	3.04	0.65	0.11	0.65	Dünenkamm-Sande
T18	3.82	0.33	-0.30	2.33	Dünenfuß-Sande
T19	2.44	0.99	0.51	0.52	Dünenkamm-Sande
T20	3.38	0.71	-0.56	0.75	Pappelhügel-Sande
T21	2.79	0.45	0.25	1.32	Kamm einer Pyramidendüne
T22	2.53	0.50	0.39	1.23	Kamm einer Pyramidendüne
P1	4.40	0.76	0.59	3.75	Oberflächenmaterialien
P7	4.07	0.41	0.18	2.14	Oberflächenmaterialien
P10	3.89	0.20	0.39	1.18	Oberflächenmaterialien
P11	4.70	0.88	0.71	0.99	Oberflächenmaterialien
P12	2.84	1.89	0.00	0.78	Flußsande
P13-2	4.56	0.78	0.69	1.25	Sediment aus älterem Stausee, unteres
P13-3	4.63	0.80	0.73	1.10	oberes
C2	3.59	0.61	-0.52	2.08	Dünenkamm-Sande
T23	2.33	0.75	0.51	1.61	Flußterrasse
T24-A	5.47	1.15	-0.13	0.67	Seesediment, oberes
T24-B	4.32	0.50	0.56	2.74	Seesediment, unteres
T25	3.93	0.31	-0.14	1.50	20 cm unter Geländeoberfläche
T26-U	3.87	0.35	-0.16	1.64	untere Flußterrasse
T26-M	3.51	0.68	-0.50	0.74	mittlere Flußterrasse
T26-O	3.95	0.27	-0.18	1.05	obere Flußterrasse

Die Sedimente aus dem löß- und sandbedeckten Hügelland bestehen überwiegend aus Schluff (Abb. 44). Zwei Proben (Proben A1 & A2, vgl. Abb. 44) aus 3 300 m Höhe haben mehr als 50 % Schluff, etwa 3 % Ton und 31 % bzw. 41 % Feinstsand. Anhand der Textur lassen sich diese Lösse von den Lössen auf dem chinesischen Lößplateau deutlich unterscheiden. Nach LUI Tungsheng et al. (1985) bestehen die Lösse im Heimugou im Bezirk Luochan (Shaanxi Provinz) aus 3 - 10 % Feinstsand (0.1 - 0.05 mm), 35 - 60 % Grobschluff (0.05 - 0.01 mm), 10 - 15 % Feinschluff (0.01 - 0.005 mm) und 20 - 45 % Ton (< 0.005 mm). Dies deutet darauf hin, daß die Lösse im Untersuchungsbereich mehr Sandanteile, weniger Tonfraktionen und in etwa ebensoviele Schluffe wie auf dem Lößplateau aufweisen. Die gröbere Textur der Lösse in der Region wird damit begründet, daß das Liefergebiet, die Wüste, sich in der Nähe befindet. Damit ist der Transportweg der Materialien durch den Wind kürzer.

---

[11] $M_z(\phi) = \frac{\phi 16 + \phi 50 + \phi 84}{3}$ $\qquad$ $\delta(\phi) = \frac{\phi 84 - \phi 16}{4} + \frac{\phi 95 - \phi 5}{6.6}$

$Sk(\phi) = \frac{\phi 16 + \phi 84 - 2\phi 50}{2(\phi 84 - \phi 16)} + \frac{\phi 5 + \phi 95 - 2\phi 50}{2(\phi 95 - \phi 5)}$ $\qquad$ $K(\phi) = \frac{\phi 95 - \phi 5}{2.44(\phi 75 - \phi 25)}$

$\phi = -log_2 \xi$ $\qquad$ ξ = Durchmesser in mm

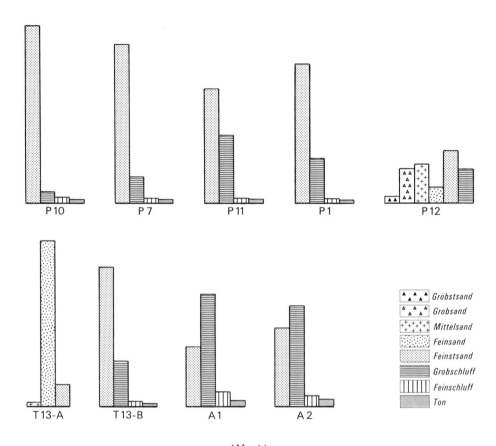

Abb. 44:
Die Korngrößenzusammensetzung der verschiedenen Proben aus dem Bereich des Keriya-He

3.3.1.2 Der Raumbezug der Parameter

a. Die Korngrößenveränderung auf einer Einzeldüne

In der Hoffnung auf genauere Erkenntnisse sedimentologischer Unterschiede auf einer Düne wurde ein Querprofil durch eine Megadüne gelegt (vgl. Abb. 45). Diese Düne kann nach der Klassifikation von ZHU Zhenda et al. (1980) (vgl. 3.2.1) als komplexe longitudinale Dünenkette angesehen werden. Sie erstreckt sich in NW-SE Richtung mit einer relativen Höhe von 70 m. Mit Hilfe eines Höhenmessers wurden Sandproben auf beiden Abdachungen der Düne im Abstand von 10 m Höhendistanz entnommen. Die granulometrische Analyse der Proben beweist, daß von der Basis bis zum Gipfel die mittlere Korngröße und die Sortierung zunimmt. Die Sortierung ist im Sinne der Termini von FOLK & WARD (1957) am Gipfel sehr gut, am Hang gut und an der Basis gut bis schlecht (vgl. Abb. 45).

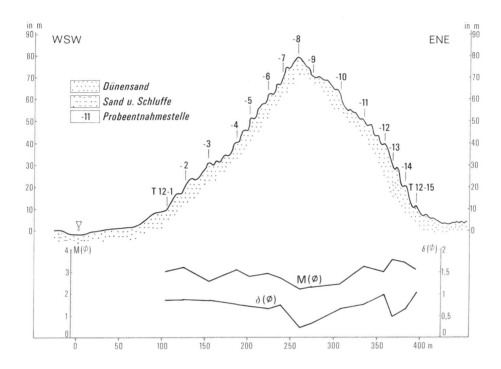

Abb. 45:
Querprofil durch eine Düne bei Ateyilahe (vgl. Abb. 35) und die sedimentologischen Veränderungen

Die granulometrische Veränderung auf einer Düne hängt selbstverständlich auch von den Windverhältnissen ab. Mit der Höhe nimmt die Windgeschwindigkeit zu, die Windrichtung bleibt konstant. Wegen der Oberflächenreibung wird die Windgeschwindigkeit in geringeren Höhen eindeutig gebremst. Beobachtungen im Westteil der Takelamagan zeigen konkrete Werte für die Zunahme der Windgeschwindigkeit mit der Höhe. Windmessungen zufolge betrug die Windgeschwindigkeit im Luvhang einer Barchandüne am Fuß 6.9 m/s (2 m über Gof), im mittleren Bereich des Hanges 8.7 m/s (2 m über Gof) und am Kamm 9.1 m/s (2 m über Gof). Am Leehang wird die Strömungsgeschwindigkeit erheblich geringer. Zusammenfassend kann die Aussage gemacht werden, daß die Windgeschwindigkeit von der Basis bis zum Kamm einer Düne deutlich unterscheidbar ist. Während der Starkwindphasen werden die Sande nicht nur auf dem Dünenkamm, sondern auch am Dünenfuß mobil. Dies hat zur Folge, daß sich Sandkörner aller Größen fortbewegen. Wenn die allgemeine Windgeschwindigkeit relativ gering ist, kann es vorkommen, daß die Geschwindigkeit des Windes am Dünenfuß niedriger ist als die kritische Schubspannungsgeschwindigkeit, jedoch am Kamm der Düne höher. In dem Fall können sich nur kleine Sandkörner am Kamm in Bewegung halten. Dies würde zu einer Verminderung der feinen Körner auf dem Dünenkamm führen. Durch die Verringerung der feinen Fraktion erfolgt eine Erhöhung des durchschnittlichen Durchmessers und damit eine bessere Sortierung. Zusammenfassend komme ich zu der Aussage, daß in der Takelamagan die Zunahme der mittleren Korngröße und die Verbesserung der Sortierung von der Dünenbasis bis zum Kamm durch Vertikaländerung der Windstärke bedingt ist.

b. Die Veränderung im gesamten Untersuchungsraum

Wie oben (3.2) erläutert, besteht der Bereich des Keriya-He aus verschiedenen Landschaftstypen. In jedem Landschaftstypenbereich befinden sich äolische Sedimente. Die Textur wird von der Dünenregion bis zum löß- und sandbedeckten Hügelland feiner. Innerhalb des Dünenbereiches läßt sich auch feststellen, daß die mittlere Korngröße von Daheyan im Norden nach Yütian im Süden allmählich abnimmt. Die Höhe der Dünen kompliziert den Sachverhalt jedoch erheblich. Wenn man nur die Dünen gleicher Höhe betrachtet, wird die Abnahme der mittleren Korngröße von Norden nach Süden anschaulich. Es ist auch nicht zu übersehen, daß die äolischen Sedimente des löß- und sandbedeckten Hügellandes von Norden nach Süden granulometrisch feiner werden. Dies wird durch Abb. 46 verdeutlicht. In Abb. 46 sind die Dünenproben aus dem Kammbereich von ca. 20 m hohen Dünen dargestellt. Für Daheyan und Pulu (vgl. Abb. 35) sind die Mittelwerte mehrerer Proben dargestellt. Stellt man dagegen die Proben beliebig hoher Dünen unkritisch zusammen, ergibt sich keinerlei Regelhaftigkeit.

Diese regelhafte Veränderung der Textur hängt von den Windverhältnissen ab. Mit der Transportrichtung nimmt die Korngröße der Materialien selbstverständlich ab. Wie allgemein anerkannt, spiegelt die Dünenform das Windregime wider. Dem Dünenbereich des Untersuchungsraumes fehlen leider klimatologische Meßreihen. Von den Dünengrundrissen kann man aber auf die Windverhältnisse an der Dünenoberfläche schließen. Die Luftbilder lassen erkennen, daß die Dünen im Unterlauf des Keriya-He in NE-SW Richtung und in der Nähe von Yütian in NE-SW und NW-SE Richtung streichen. Aufgrund dessen kann man davon ausgehen, daß es im Bereich des Keriya-He zwei Hauptwindrichtungen gibt (NW und NE).

Das Tarimbecken ist ein sehr bedeutendes Liefergebiet für Staubbildungen in der Luft. Die Stäube erreichen Höhen bis über 5 km. Ein Teil dieses Staubes wird in den oberen Luftschichten nach Osten transportiert und dort als Löß abgelagert. Ein Teil davon wird von den NE- und NW-Winden in den Kunlun-Shan und Arjin-Shan bis zu einer Höhe von 5 300 m transportiert. So entstanden die Lößablagerungen in den Gletscherspalten des Kunlun-Shan.

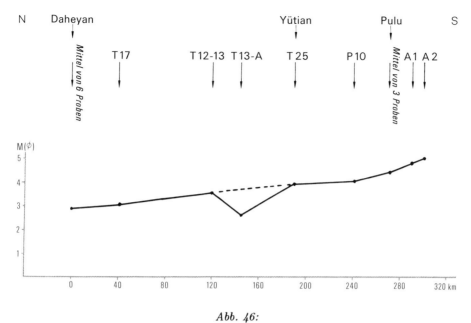

Abb. 46:
Die Veränderung der mittleren Korngröße M(φ) der äolischen Sedimente im Bereich des Keriya-He nördlich des Kunlun-Shan (vgl. Abb. 35 & Tab. 16)

3.3.2 Schwermineralanalyse

In gleicher Weise wie für die Badanjilin wurden 17 Proben aus der Region des Keriya-He von Senior-Ing. SONG Jingxi in Lanzhou auf Schwermineralien untersucht (vgl. 2.3.2). Die Proben wurden Dünen sowie löß- und sandbedecktem Hügelland entnommen (s. Abb. 35). Im allgemeinen bestehen die Dünensande und sandigen Lösse überwiegend aus leichten Mineralien, wobei die Anteile der Schwermineralien nur 4.8 % bis 17.52 % betragen. Obwohl ihr Gewichtsanteil gering ist, sind viele unterschiedlichen Schwermineralien beteiligt.

Zunächst ist festzustellen, daß es einen Unterschied zwischen den Proben in Bezug auf den Schwermineralgehalt gibt. Die Proben mit höheren Schwermineralgehalten sind in der Regel aus leicht gelben oder grauen Dünen entnommen. Diese Dünen sind seit jüngerer Zeit hauptsächlich aus fluvialen Sanden durch Windbearbeitung entstanden. Bei Probe T22 stammt aus dem Kammbereich einer grauen Pyramidendüne, die sich in der Übergangszone zwischen dem aerodynamischen Relief und der Sandschwemmebene befindet. Bei Probe T21 handelt es sich um Kammsande einer leicht gelben Düne, deren Fußbereich noch drei verschiedene lakustrische Sedimentationsphasen aufweist. Probe T19 ist zwar aus dem heutigen Unterlauf des Flusses entnommen, aber auch aus einer jüngeren Düne, die sich auf der Flußterrasse gebildet hat. Diese Proben (T22, T21 und T19) zeigen, daß der Schwermineralgehalt in den jüngeren Dünen, die von fluvialen Sanden frisch aufgeweht worden sind, am höchsten ist. Im Übergangsbereich zwischen dem aerodynamischen Relief und der Sandschwemmebene (s. Abb. 35) ist die

Bildung der Dünen sehr aktiv, daher haben die Dünensande hier einen relativ hohen Schwermineralgehalt[12].

Von sandigem Schluff am Oberlauf des Keriya-He bis zu den Dünensanden am Mittel- und Unterlauf sind die Sorten der Schwermineralien ähnlich (s. Abb. 47). Die prozentualen Anteile der Hornblende und des Epidots sind bei allen Proben sehr hoch. Der Anteil der unstabilen Mineralien variiert zwischen 38.74 % und 50.95 %. Der Anteil der mäßig stabilen Mineralien ist mit 30.05 % bis 46.61 % geringer. Die Zusammensetzung der Schwermineralien, deren Anteile über 10 % liegen, sieht bei den sandigen Schluffen bei Pulu (Mittel von 4 Proben) folgendermaßen aus: Hornblende - Epidot - Titanoferrit und Ferroferrit - Biotit; bei Dünensanden vom Rand bis zum Zentrum der Wüste im allgemeinen: Hornblende - Epidot; bei einer Probe aus Kekelike und einer aus Ateyilahe (vgl. Abb. 35): Hornblende - Epidot - Titanoferrit und Ferroferrit.

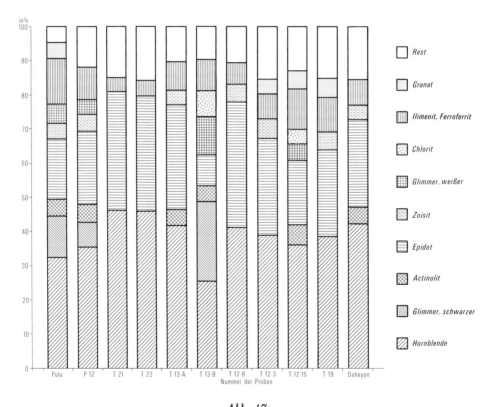

Abb. 47:
Ergebnisse der schwermineralogischen Analysen der Sande (Pulu - Mittel von 4 Proben; Daheyan - Mittel von 4 Proben) im Bereich des Keriya-He (Takelamagan)

---

[12] Nach Fertigstellung dieser Arbeit erschien die Veröffentlichung von PFEIFFER (1991). Er behauptet, daß sich die relative Altersabfolge der Dünensande aus den Schwermineralgehalten ergibt. Die älteren Dünen enthalten nämlich mehr Schwermineralien als die jüngeren Dünen. Dies widerspricht den Gegebenheiten in der Takelamagan.

Der gesamte Anteil der unstabilen und mäßig stabilen Mineralien beträgt 77 % bis 93.77 % (vgl. Tab. 17). Dieser hohe Anteil kann als charakteristisch für die Takelamagan-Wüste angesehen werden.

Tab. 17:
Die Schwermineralzusammensetzung (%) in den Proben der Takelamagan
(Probennummer - vgl. Abb. 35 & Tab. 6)

Probe	Pulu	P12	T21	T22	T13-A	T13-B
instabil	43.52	43.66	48.7	47.9	45.33	50.09
mäßig stabil	36.21	40.05	45.1	45.82	43.21	36.03
stabil	18.48	14.49	5.97	5.59	11.43	12.16
sehr stabil	2.31	1.81	0.26	0.69		1.26
prozentualer Anteil der Schwerminerale	5.5	9.45	17.34	17.52	5.55	6.68

Probe	T12-8	T12-3	T12-15	T19	Daheyan
instabil	45.14	42.65	40.85	42.17	46.94
mäßig stabil	46.61	42.85	40.44	37.09	40.9
stabil	8.01	12.85	18.3	16.77	11.5
sehr stabil	0.24	1.64	0.43	1.1	0.53
prozentualer Anteil der Schwerminerale	12.34	8.57	5.81	17.52	7.13

Bei unterschiedlich gefärbten Dünen ist ein Unterschied der Schwermineralienzusammensetzung nicht genau festzustellen. Dies gilt auch für die verschiedenen Bereiche einer Düne. Die Probe T22 stammt aus dem Kammbereich einer leicht gelben Düne (vgl. Abb. 35). Probe T12-8 (vgl. Abb. 35) stammt aus einer orangeroten Düne. Der Vergleich dieser Proben zeigt, daß die Schwermineralienzusammensetzung relativ einheitlich ist, die Anteile jedes Minerals jedoch unterschiedlich sind. Obwohl die Proben T12-8, T12-3 und T12-15 (vgl. Abb. 35) aus unterschiedlichen Dünenpositionen stammen, ist die Zusammensetzung der Schwerminerale wiederum relativ einheitlich (vgl. Abb. 47). Die gesamten Gewichtsanteile der Schwerminerale lassen sich jedoch in einer Düne von oben nach unten unterscheiden. Im Kammbereich ist der prozentuale Gewichtsanteil an Schwermineralien in den Sanden größer als am Fußbereich. Dies hängt vermutlich auch von der Windgeschwindigkeitszunahme nach oben ab. Die schwereren Körner sind dynamisch stabiler, deshalb können sie nur von starken Winden verblasen werden.

Die Sande aus rezenten Flußbetten sind mineralogisch den Dünensanden ähnlich. Dies deutet darauf hin, daß die letztlich unterschiedlichen Sande eine gemeinsame Herkunft haben. Probe P12 ist aus dem Hochwasserbett des Keriya-He bei Pulu entnommen, sie läßt sich granulometrisch von den Dünensanden und den sandigen Schluffen eindeutig unterscheiden (vgl. Abb. 44). Flußsande (Probe P12) weisen zu einem Teil Grobsandfraktion auf, die den Dünensanden und sandigen Schluffen der Hügelbereiche fehlt. Außerdem ist die Sortierung der Flußsande in dem Untersuchungsraum schlechter als die der Dünensande und der sandigen Schluffe. Das erklärt sich am einfachsten dadurch, daß die Dünensande aus ursprünglich fluviatil herantransportierten Sanden ausgeweht wurden und somit einer zweiten Saigerung durch den Wind unterlagen. Hornblende und Epidot spielen die bedeutendste Rolle bei der Schwermineralienzusammensetzung der Flußsande und auch bei der Zusammensetzung der Dünensande.

Eine gewisse Differenzierung besteht in der Zusammensetzung der Schwermineralien der Grundsande und der Dünensande. Beispielsweise ist die Zusammensetzung der Schwermineralien, deren Anteile über 10 % liegten, am Yaogantukelake (vgl. Abb. 35) wie folgt:

Kammsande der Düne (Probe T13-A): Hornblende - Epidot;

Basissedimente (Probe T13-B): Hornblende - schwarzer Glimmer - weißer Glimmer.

Dieser Unterschied kann nur durch die hohe Windenergie verursacht worden sein. Der Wind transportiert Material aus fremden Regionen herbei, so werden auch die Mineralien, die an der Stelle ursprünglich nicht vorhanden waren, hierher gebracht. Dadurch wird die Mineralienvielfalt begünstigt. Der Wind kann verglichen mit Wasser leichter Hindernisse überqueren und die Materialien mit der Windrichtung transportieren. Dies bedeutet, daß die Mineralienzusammensetzung der Flugsande von der Windbewegung geändert werden kann. Gleichzeitig wird vorhandenes Material vom Wind durch Ausblasung mit der Windrichtung in andere Bereiche transportiert. Nicht nur die Arten der Mineralien, sondern auch der prozentuale Anteil eines Minerals in einer Düne wird durch die Windaktivität beeinflußt. Durch diesen Prozeß entsteht der Unterschied in der Zusammensetzung der Schwermineralien zwischen den Dünensanden und ihren Basismaterialien.

Es ist festzustellen, daß die Anteile der Hornblende in Dünensanden von Daheyan bis Pulu allmählich abnehmen. Die Werte der prozentualen Anteile der Hornblende an der Zusammensetzung der Schwermineralien liegen bei Daheyan generell über 40 %. Dagegen liegt das Maximum bei Pulu bei 35.29 %. Die Menge an schwarzem und weißem Glimmer nimmt in derselben Richtung zu. Diese regelhaften Veränderungen hängen vermutlich, da die Transportbedingungen die gleichen sind, von der Kristallform ab. Der Kristall der Hornblende sieht wie ein langer Stock aus. Diese Form ist für Windtransport ungünstig. Glimmer ist ein dünner plattiger oder schuppenartiger Kristall, der sehr leicht verweht wird. Daher rührt wahrscheinlich auch die Erscheinung, daß in der Transportrichtung die Anteile der Hornblende abnehmen und der Glimmeranteil relativ zunimmt. Eventuell hängt dies aber auch mit einer Veränderung der Basismaterialien zusammen. Pauschal ist der prozentuale Gewichtsanteil der gesamten Schwermineralien in Dünensanden größer als bei den sandigen Schluffen im Oberlauf des Keriya-He.

3.3.3 Mikrostruktur der Kornoberflächen

Unter der Betreuung und mit Hilfe von Senior-Ing. DAI Fengnian und Ing. KANG Guoding habe ich im Lanzhou Institut für Wüstenforschung im Jahr 1987 die Oberflächenstruktur der Sande aus der Takelamagan mit dem Elektronensondenmikroskop untersucht. Die Aufbereitung der Proben ist die gleiche wie bei der Untersuchung der Badanjilin-Sande (vgl. 2.3.3).

3.3.3.1 Die Typen der Oberflächenstrukturen

Im allgemeinen haben die Sandkörner der verschiedenen Proben ähnliche Oberflächenstrukturen. Diese Strukturen lassen sich in drei Typen unterteilen:

A: Mechanische Strukturen

1. Mattierung: Auf der Oberfläche der Körner existieren zahllose Aushöhlungen mit einem Durchmesser von ca. 5 μ. Dadurch sieht die Oberfläche wie Mattglas aus (s. Abb. 48). Dieses Phänomen ist am häufigsten auf runden Körnern zu sehen. Nach PACHUR (1966, S. 18) endet die Mattierung im Bereich der 0.125 mm Fraktion.

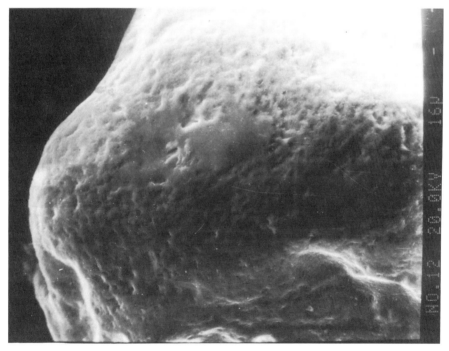

Abb. 48:
Die Mattierung auf der Oberfläche von Quarzkörnern aus den Takelamagan-Sanden, Daheyan (vgl. Abb. 35). Aufnahme: DAI Fengnian

2. Tellerartige und barchanartige Gruben: Die tellerartigen Gruben finden sich überwiegend in den gröberen Sanden. Diese großen Gruben können sich von einem Drittel bis zur Hälfte der Oberfläche ausdehnen. Die barchanartigen Gruben ähneln Kratzspuren von Fingernägeln und kommen häufig vor (s. Abb. 49).

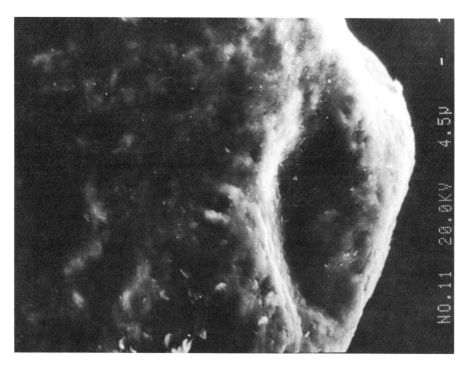

Abb. 49:
Tellerartige Gruben auf der Oberfläche eines Quarzkornes aus den Takelamagan-Sanden, Daheyan (vgl. Abb. 35). Aufnahme: DAI Fengnian

3. Tröge: Diese Strukturen sind bei tieferen Einwölbungen der Oberfläche breiter und manchmal gekrümmt (s. Abb. 50).

4. Muschelige Brüche: Ihre Größe und Gestalt sind sehr irregulär. Sie können über die Hälfte der Kornoberfläche einnehmen. Wenn mehrere Brüche miteinander verbunden sind, entsteht ein schärferer Kamm (Abb. 51).

5. V-förmige Einkerbungen: Es handelt sich hierbei um eine seltene Form. Sie durchschneiden die Quarzoberflächenspalten. Alle Kerben haben eine gemeinsame Richtung (Abb. 51).

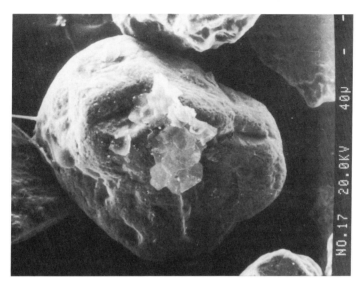

Abb. 50:
Tröge auf der Oberfläche eines Quarzkornes aus den Takelamagan-Sanden, Ateyilahe
(vgl. Abb. 35). Aufnahme: KANG Guoding

Abb. 51:
Muschelige Brüche und V-förmige Einkerbungen auf der Oberfläche eines
Quarzkornes aus den Takelamagan-Sanden, Daheyan (vgl. Abb. 35).
Aufnahme: DAI Fengnian

B: Chemische Strukturen

1. Kieselsäureplättchen: Diese sekundären Ablagerungen des Siliziumdioxyds befinden sich vorwiegend auf den Mulden und Trögen der Oberfläche und entlang der Spalten. Die Pflasterungen sind kugelig oder schuppenförmig. Flächenhafte neuere Ausfällungen der Kieselsäure können die Rundungen und das Glänzen der Körner begünstigen. Durch Desquamation können auch jüngere Spalten auf den Fällungsschichten vorkommen (s. Abb. 52).

2. Lösungsstrukturen: Die Formen der chemischen Lösung sind vielseitig, z. B. kreisförmig oder dreieckig. Entlang der Spalten bilden sich durch Lösungsprozesse irreguläre Tröge (s. Abb. 53).

C: Mechanisch-chemische Strukturen

Lamellenstrukturen: Die Oberfläche scheint aus mehreren herausgearbeiteten Plättchen zu bestehen. Durch mechanische Bearbeitung (Druck) oder Verwitterung wurden Plättchen parallel ausgearbeitet. Wegen erneuter Ablagerungen von Kieselsäure sind die Plättchenoberflächen uneben. Diese auch gruppenweise parallel zueinander stehenden Plättchen haben unterschiedliche Höhen und sehen im Profil zikk-zack-förmig aus. Etwa ein Drittel der Oberfläche eines Sandkornes kann aus solchen Lamellenstrukturen bestehen (Abb. 54).

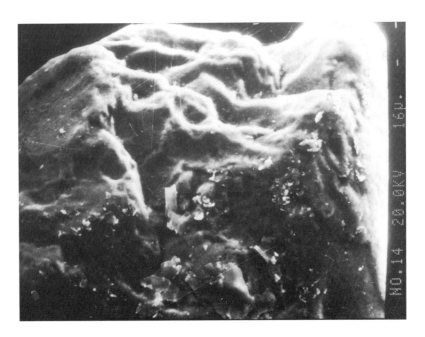

Abb. 52:
Kieselsäureplättchen auf der Oberfläche eines Quarzkornes aus den Takelamagan-Sanden, Daheyan (vgl. Abb. 35). Aufnahme: KANG Guoding

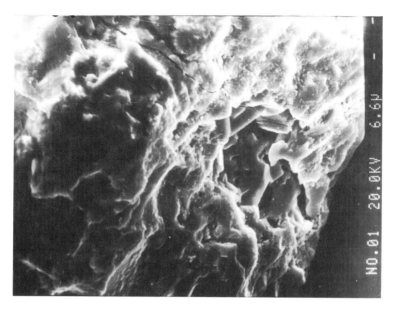

Abb. 53:
Lösungsstrukturen auf der Oberfläche eines Quarzkornes aus den Takelamagan-Sanden, Daheyan (vgl. Abb. 35). Aufnahme: KANG Guoding

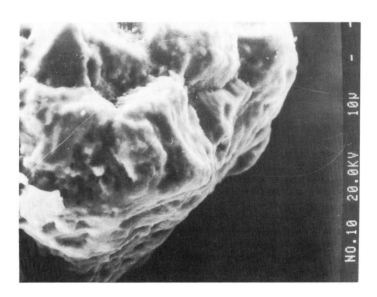

Abb. 54:
Lamellenstrukturen auf der Oberfläche eines Quarzkornes aus den Takelamagan-Sanden, Daheyan (vgl. Abb. 35). Aufnahme: KANG Guoding

Insgesamt wurden 183 Quarzkörner von mir mit Hilfe des Elektronensondenmikroskops untersucht. Die statistische Auswertung zeigt, daß die prozentuale Verteilung der Erscheinungen wie folgt ist:

Mattierung: 30.05 %

Tellerartige Gruben: 27.87 %

Barchanartige Gruben: 4.92 %

Tröge: 8.2 %

Muschelige Brüche: 7.1 %

V-förmige Einkerbungen: 2.19 %

Kieselsäureplättchen: 13.66 %

Lösungsstrukturen: 4.37 %

Lamellenstrukturen: 5.5 %

Diese Zahlen beweisen, daß die mechanisch herausgearbeiteten Strukturen die bedeutendsten Formen bei der Gestaltung der Sandkornoberflächen im Bereich des Keriya-He sind. Die häufigsten Formen sind Mattierungen und tellerartige Gruben. Die chemischen Strukturen sind Kieselsäureplättchen und Lösungserscheinungen.

Generell ist die Kornzurundung der untersuchten Quarze schlecht (vgl. Abb. 55). Oft kann man die Körner als mäßig eckig bis mäßig rund bezeichen. Eine örtliche Veränderung der Kornzurundung läßt sich allerdings nicht bemerken.

Abb. 55:
Schlecht gerundete Quarzkörner der Takelamagan, Ateyilahe (vgl. Abb. 35).
Aufnahme: DAI Fengnian

3.3.3.2 Ursachen der Oberflächenstrukturen von Quarzsandkörnern

Im Windkanal haben LING Yuquan et al. (1980) die Sandbewegungsprozesse erforscht. Diese Experimente zeigen, daß die Sande während ihrer Bewegung auf der Oberfläche eine Rollgeschwindigkeit von 212 Umdrehungen/Sek. erreichen können. Beim Rollen unterliegen die Sande einer großen Anzahl von Stößen. Ist die Stoßenergie zweier Sandkörner ausreichend hoch, wird eines der beiden in die Luft geschleudert. Diese springenden Sandkörner drehen sich mit hoher Geschwindigkeit. Die Drehungsgeschwindigkeit erreicht ihr Maximum am höchsten Punkt ihrer Bahn. Die Sandkörner beschreiben die Flugbahn einer asymmetrischen Parabel. Quarzkörner mit einem Durchmesser von 1.5 mm können während des Springens eine Drehgeschwindigkeit von 10^2 - 10^3 Umdrehungen/Sek. haben. Bei der Landung übertragen die herabfallenden Sandkörner in unterschiedlicher Weise ihre Stoßkraft auf die sich am Boden befindenden Körner. Es ist wahrscheinlich, daß die vielseitigen Oberflächenstrukturen der Sandkörner von der Art und Weise der Sandbewegung abhängen. Beispielsweise sind die tellerartigen und barchanartigen Gruben wahrscheinlich dadurch entstanden, daß ein sich schnell bewegendes rundes Korn ein anderes angestoßen hat. Wie oben angeführt, befinden sich die tellerartigen Strukturen meistens auf Grobsand. Die Ursache dafür ist, daß die feinen Materialien während ihrer Bewegung vermutlich weniger Stoßenergie haben. Tröge sind möglicherweise dadurch gebildet worden, daß sich kantige Körner an kleineren Körnern vorbeibewegt haben.

V-förmige Einkerbungen werden als typisch für subaquatische Bedingungen angesehen. Der muschelige Bruch kommt bei unterschiedlichen Milieus insbesondere unter glazialen Bedingungen vor (KRINSLEY & DOORNKAMP 1973, DAI Fengnian 1986).

Die chemischen Strukturen sind durch die Lösungs- und Fällungsprozesse der Kieselsäure bedingt. Diese Prozesse hängen hauptsächlich von Temperaturschwankungen ab. Die Klimadaten aus Yütian zeigen, daß die Temperaturtagesamplitude im Jahresdurchschnitt 14.7 ^{0}C beträgt. Im Oktober ist die Tagesamplitude im Monatsdurchschnitt mit einem Wert von 17.2 ^{0}C am höchsten. Die Tagesamplitude der Temperatur der Bodenoberfläche ist viel größer als die der Lufttemperatur. Im Sommer und Herbst kann die Bodentemperatur bei Sonnenschein bis auf 60 - 80 ^{0}C steigen und in der Nacht bis auf 10 ^{0}C fallen. In der Nacht ist die Bodentemperatur niedriger als die Lufttemperatur. Taubildung ist die Folge. Wegen der Konzentration des Salzgehaltes im Boden ist die Taubildung in Wüsten mit einem höheren pH-Wert verbunden. Dieses Tauwasser kann SiO_2 lösen. Davon ist die Lösungsstruktur auf Quarzkörnern abhängig. Am Tage wird das gelöste SiO_2 wegen der Verdunstung wieder auf dem Korn ausgeschieden.

3.4 Interpretation der Analyseergebnisse

3.4.1 Dynamik

Wie die Texturanalyse (s. 3.3.1) gezeigt hat, sind die äolischen Materialien von Norden nach Süden granulometrisch feiner geworden. Aber in der „Sandschwemmebene", zwischen den Dünenfeldern und dem löß- und sandbedeckten Hügelland (vgl.

3.2), besteht der Untergrund der Gobi aus Schottern und Grobsanden, die nicht zu der granulometrischen Reihenfolge passen. Dieser Umstand läßt sich nur durch die morphologischen Entwicklungsprozesse des Bereiches erklären.

Das Vorland des Kunlun-Shan ist eine Fußfläche, die sich aus eiszeitlichen glazifluviatilen Schwemmfächern zusammensetzt (vgl. HÖVERMANN & HÖVERMANN 1991). Nach geologischen Untersuchungen beträgt die Mächtigkeit der Schotter stellenweise 500 bis 600 m mit einem Maximum von 900 m (LI Baoxin & ZHAO Yunchang 1964). Während der Expedition 1986 wurden von E. Hövermann im Osten von Yütian (vgl. Abb. 35) weiter vorgeschobene Moränen (Grund- und Endmoränen) entdeckt, die auf Dünensande aufgeschoben sind. Eine an die Endmoräne anschließende glazifluviatile Schotterflur liegt als dünne (bis 2 m) Decke auf eingeebneten Dünensanden. Darüber erheben sich mehr als 30 m hohe Dünen. Diese Moränen sind sehr stark verwittert und gehören daher wahrscheinlich zu einer älteren Vereisung.

Abb. 56:
Ein Sandkeil südlich von Cele (Oktober 1986)

In den Schotterakkumulationen und an der Oberfläche der Schotterterrasse des Cele-He (vgl. Abb. 29) treten Sandkeilhorizonte und Sandkeilnetze auf, die eiszeitliche Dauerfrostboden-Verhältnisse anzeigen (s. Abb. 56). Die senkrecht stehenden

Grobsand-Lamellen in diesen Frostkeilen zeigen an, daß die Keile während ihrer Bildung mit Sand und Eis verfüllt waren, daß sie also unter ariden Bedingungen entstanden. Denn „normale" Eiskeile sind während ihrer Entstehung nur mit Eislamellen gefüllt und enthalten nach dem Verschwinden des Dauerfrostbodens eine strukturlose Füllung.

Die fluviatilen und glazifluvialen Erscheinungen haben einen hohen Lockermaterialtransport zum Tarimbecken erzeugt. Die glazifluviatilen Schwemmfächer sind stets in Terrassen gegliedert, entsprechend den Rückzugsstadien der Vergletscherung. Unter lang andauernden Trockenbedingungen bildete sich Wüstenpatina auf der Schotteroberfläche aus. Nach ihrer Entstehung verhinderte die harte Patinaoberfläche die Ablagerung der Sande. Die harte Oberfläche kann jedoch den Sandtransport begünstigen, weil die Sandkörner eine hohe Energie durch den Aufprall auf die harte Bodenoberfläche zugeführt bekommen. Durch die Auswirkung der Nordwest- und Nordostwinde greifen Dünen örtlich in die Sandschwemmebenen über, die sich ihrerseits auf die Schotterflächen verschiebt und sie mehr und mehr mit Flugsanden eindeckt.

Das Wechselspiel zwischen Wasser- und Windwirkung hat den Materialkreislauf im Bereich des Keriya-He erzeugt. Die Wasserkraft transportiert die Materialien vom Kunlun-Shan zur Wüste, die Transportrichtung verläuft von Süden nach Norden. Die Windkraft transportiert die Sedimente der Wüste von Norden nach Süden, teilweise sogar die Berge hinauf. Beide Prozesse machen sich nicht nur durch horizontale, sondern auch vertikale Bewegungen (vgl. Abb. 57) bemerkbar.

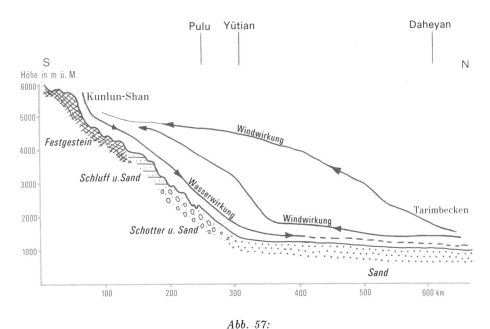

Abb. 57:
Schematische Darstellung des Materialkreislaufes im Bereich des Keriya-He

Während unterschiedlicher Zeiträume veränderte sich die Bedeutung der einzelnen Bewegungsrichtungen. Es existierten wahrscheinlich lange und kurze periodische Veränderungen. Den Wechsel der Bedeutung der Prozesse innerhalb eines Jahres kann man sich folgendermaßen vorstellen: Während des Sommers und Herbstes werden große Mengen von Material durch die Gletscher- und Schneeschmelzwässer vom Kunlun-Shan in das Tarimbecken transportiert. Die Bewegungsrichtung verläuft von Süden nach Norden bzw. vom Gebirge zum Becken; während des Winters und Frühlings spielt der Wind eine große Rolle; die feinkörnigen Sedimente werden dann vom Wind aus dem Tarimbecken zum Kunlun-Shan geblasen. Die Bewegungsrichtungen verlaufen dann von Norden nach Süden bzw. vom Becken zum Gebirge. Diese Materialzirkulation wird selbstverständlich von den großräumigen Klimaverhältnissen beeinflußt. Während trockener Perioden spielt der Wind bei der geomorphologischen Gestaltung eine größere Rolle, dann dehnt sich die Wüste aus, in diesem Fall bewegen sich die Materialien überwiegend von Norden nach Süden, d. h. vom Becken zum Gebirge. Während der feuchten Phase ist die Bedeutung der fluvialen Prozesse wichtiger, dadurch werden die Materialien aufgrund flächenhafter und linienhafter Erosion vom Gebirge zum Becken transportiert.

3.4.2 Sandquellen

Der oben beschriebene Bestand an Schwermineralien im Bereich des Keriya-He läßt sich von den restlichen Bereichen unterscheiden. Nach ZHU Zhenda et al. (1981) existieren größere Unterschiede zwischen den verschiedenen Einzugsgebieten in Bezug auf die Zusammensetzung der Schwermineralien in der Takelamagan. Im Bereich des Tarim-He ist der Anteil der Hornblende relativ niedrig (unter 40 %). Dort spielt der Glimmer die wichtigste Rolle (über 40 %). Im Löß sind Hornblende und Glimmer in ähnlich großen Mengen vertreten. Am Nordbereich des Khashi (vgl. Abb. 29) gibt es viele Metallmineralien (39.5 %) und Epidote (22.6 %). In der Region des Gaizi-He (vgl. Abb. 29) beträgt der Glimmeranteil 48.3 % und der von Granat 12 %. Wegen der starken räumlichen Differenzierungen kann man davon ausgehen, daß die Sande im Bereich des Keriya-He nicht aus anderen Regionen der Wüste herantransportiert wurden. Nach den geologischen Verhältnissen der Umgebung und der Zusammensetzung der Schwermineralien zu urteilen kann man schließen, daß die Sedimente im Bereich des Keriya-He vorwiegend aus dem Kunlun-Shan stammen.

Der Oberlauf des Keriya-He befindet sich im mittleren Kunlun-Shan, der stratigraphisch hauptsächlich aus proterozoischem Quarzit, Phyllit, Gneis, Schiefer und Marmor besteht. In den obereren Schichten findet man paläozoisches Gestein. Im Osten des Keriya-He kommen häufig ordovizische und silurische Sandschiefer vor (vgl. 3.1.3 & 3.2.4). Diese Gesteine haben hohe Bestandteile an Quarz und Feldspat. Bei den Schwermineralien handelt es sich überwiegend um Hornblende, Epidot und Glimmer. Dies zeigt einen Zusammenhang zwischen den Sanden am Keriya-He und den Gesteinen des mittleren Kunlun-Shan an. Durch fluviale Prozesse werden die Materialien vom Kunlun-Shan in den Mittel- und Unterlauf des Keriya-He transportiert und abgelagert. Von diesen jüngeren Ablagerungen stammen die Wüstensande ab.

3.4.3 Veränderung der Umweltbedingungen

In den Randketten des Kunlun-Shan nördlich von Pulu hebt sich das Lößhügelland markant vom felsigen Gebirge ab (vgl. Abb. 58), obwohl das gefaltete Schiefergebirge unter dem Löß im Prinzip den lößfreien Bereichen gleicht: Der Wechsel vom lößbedeckten Hügelland zum lößfreien Felsgebirge ist abrupt. Die aktuelle äolische Akkumulation verändert sich aber kontinuierlich und allmählich. Die scharfe Grenze zu den felsigen Gebirgsteilen erklärt sich daraus, daß diese während der massiven Lößakkumulationsphase von Gletschereis bedeckt waren. Die auf damaligen Gletschern abgelagerten Lösse wurden von Schmelzwässern wieder in die unteren Bereiche transportiert, soweit sie nicht als Lehmdecke auf den Moränenterrassen (vgl. Abb. 42) beim Abschmelzen der Gletscher abgelagert wurden. Die Sande und Lösse im Hügelbereich müssen zu einem großen Teil während der letzten Vereisung abgelagert worden sein: Das höchste datierte Alter (TL) sandiger Schluffe bei Pulu beträgt 66 700 ± 3 300 Jahre v. h. Weitere Altersdatierungen sind 63 000 ± 3 100, 31 000 ± 1 500 und 4 550 ± 230 Jahre v. h. (LI Baosheng et al. 1988).

Abb. 58:
Die abrupte Trennung zwischen lößbedecktem Hügelland und lößfreiem Felsgebirge
(September 1986)

Die Befunde bezüglich der Kalkkonzentration in der höchsten Terrasse bergen wichtige Erkenntnisse für die Deutung der Klimaentwicklung im Tarimbecken. Aufgrund der Kalkverkrustungen berechneten HÖVERMANN & HÖVERMANN (1991) die Niederschläge auf mindestens 150 mm/Jahr für das Hochglazial, das zwischen 30 000 und 25 000 Jahre v. h. anzusetzen ist. Zuvor gab es nur die einheitliche Meinung, daß das Klima im Tarimbecken im Quartär immer trockener wurde (YE Duozhen & GAO Youxi 1979, WU Zheng 1981, LI Baosheng et al. 1988). Lößprofile im chinesischen Lößplateau zeigen, daß $CaCO_3$ in den trockeneren Perioden zunimmt und in den feuchteren abnimmt. Diese trockeneren Perioden entsprechen im allgemeinen kalt-semiariden Bedingungen (WEN Qizhong et al. 1964, LUI Tungsheng et al. 1985). Die Quartärsedimente in Salawusu-He (im Südosten des Maowusu Sandlandes, vgl. Abb. 1) deuten darauf hin, daß die günstigste Bedingung für $CaCO_3$-Konzentrationen das semiaride Klima ist, wie es heute mit Niederschlägen von 250 - 400 mm/Jahr vorherrscht. Während arider und semihumider Phasen nehmen die $CaCO_3$-Gehalte deutlich ab (GAO Shangyu et al. 1985). Nach ABDUL-SALAM (1966) und HÖVERMANN (1988) ist eine Niederschlagshöhe von 100 - 300 mm/Jahr für die Kalkkrustenbildung vonnöten. Es ist deshalb anzunehmen, daß der Niederschlag in dieser Zeit (ca. 28 000 Jahre v. h., vgl. HÖVERMANN & HÖVERMANN 1991) in ca. 1 300 m ü. M. im Tarimbecken sogar 250 mm/Jahr erreicht hatte, das bedeutet 5 mal so viel wie heute. Die Schwemmfächer an der Fußfläche des Vorlandes des Kunlun-Shan sind überwiegend um 28 000 Jahre v. h. (im Frühglazial) entstanden. Die Hauptentwicklungszeit des löß- und sandbedeckten Hügellandes ist daher ins Spätglazial einzuordnen. Von den Untersuchungen im Nebengebiet (Chaidamu Becken, vgl. Abb. 1) ist bekannt, daß die letzte Eiszeit drei völlig verschiedene Klimaabschnitte umfaßte. Dem feucht-kalten Anaglazial bis 24 000 v. h. folgte ein warm-trockenes Kataglazial bis 15 000 v. h. und ein kalt-trockenes Spätglazial bis etwa 10 000 v. h. (vgl. Abb. 61, HÖVERMANN & SÜSSENBERGER 1986). Wahrscheinlich herrschte im Tarimbecken (wie im Chaidamu Becken) während des Spätglazials ebenfalls ein sehr trockenes Klima.

Im Talbereich südlich von Ruoqiang gibt es mächtige äolische Sande in Wechsellagerung mit Schottern, die fluvial zerschnitten sind (s. Abb. 59). Diese Sande sind schon verfestigt und gehören zu älteren Ablagerungen, deren Entstehung stärkerer Windwirkung in der Vergangenheit zuzuschreiben ist. Die Frage nach einer genauen zeitlichen Einordnung läßt sich nach heutigem Forschungsstand nicht beantworten.

Die Oberflächenstrukturen der Quarzkörner zeigen, daß die Sande hauptsächlich durch Windtransport bearbeitet worden sind, denn die Masse der Körner ist mattiert. Glaziale und fluviale Spuren sind nur von untergeordneter Bedeutung. Auf der Oberfläche mancher Körner befinden sich nicht nur Formen, die als die Spuren der glazialen und fluvialen Prozesse angesehen werden müssen, sondern auch Kieselsäureplättchen als Folge der Trockenklimabedingungen. Die Restspuren glazialer und fluvialer Bearbeitungen deuten darauf hin, daß die Sande ursprünglich aus Moränen und fluvialen Sedimenten stammen. Damit zeigt die Oberflächenstruktur, daß der Untersuchungsraum im Quartär fluviale Bedingungen aufgewiesen hat. Wie die Bedingungen in anderen Bereichen der Takelamagan waren, muß jedoch im einzelnen noch erforscht werden.

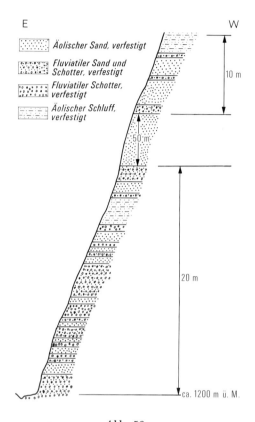

Abb. 59:
Die altäolische Sandablagerung 50 km südlich von Ruoqiang (vgl. Abb. 29)

In historischer Zeit während der Xihan-Dynastie (206 v. Chr. - 25 n. Chr.) gab es am heutigen Unterlauf des Keriya-He Siedlungen. Die Ruinenstadt „Kaladun", die sich ca. 20 km nördlich von Daheyan befindet, ist nach ^{14}C-Datierungen der Bauhölzer 2 135 ± 75 Jahre alt. Aufgrund der ausgegrabenen Kupfermünzen und Tonwaren kann man annehmen, daß diese Stadt bis ins vierte oder fünfte Jahrhundert n. Chr. existierte. Eine Karte aus der Xihan-Dynastie (vgl. CHENG Hesheng 1991) zeigt den Keriya-He vor 2 000 Jahren als Nebenfluß des Tarim-He. Sein Lauf war damals also um mehrere hundert Kilometer länger und endete nicht, wie heute in wasserreichen Jahren im Zentrum der Takelamagan, sondern durchquerte diese ganz. Aus dem 16. Jahrhundert wurde wieder beschrieben, daß der Keriya-He in den Tarim-He floß. Der Verfasser des Buches „Lashideshi", in dem diese Angabe enthalten ist, wurde 1499 (oder 1500 ?) n. Chr. geboren, er starb 1551 n. Chr. Sein Name ist Mirza Haidar. Er lebte mehrere Jahre in Kashi (vgl. Abb. 29) als Mitregent. Sein Buch wird als eine der wichtigsten Literaturquellen über das Tarimbecken angesehen. Der Inhalt des Buches wird als detailliert und zuverlässig bewertet (WANG Shouchung 1988). Wiederum, am Anfang des 19. Jahrhunderts, wurde von XU Sun beschrieben, daß der Keriya-He in den Tarim-He mündete. Diese Angabe ist in seinem Buch über die Qing-Dynastie (1644 n. Chr. - 1911 n. Chr.), „Xiyushuidaoji" (Die Beschreibung der Wasserkanäle des Westens), zu finden (WANG Shouchung 1988).

Im Gegensatz dazu verneint das im Jahr 1910 erschienene Buch „Xinjiangtuzi" (Karte von Xinjiang) die Möglichkeit des Zuflusses des Keriya-He in den Tarim-He. In ihm wird behauptet, daß der Keriya-He niemals in den Tarim-He mündete. Auch Mitte des 18. Jahrhunderts wurde in mehreren Büchern und Karten die Behauptung aufgestellt, daß es keinen Zusammenfluß zwischen Keriya-He und Tarim-He gegeben hat. Die Bücher haben die Titel „Xianlunneifuxintu" [Die große Karte der inneren Regierung in der Xianlun-Zeit (1736 n. Chr. - 1759 n. Chr.)], „Huangxinxiyutuzi" (Die königliche Westkarte) und „Daqingyituzi" [Die Beschreibung des Qingreiches (Qing-Dynastie: 1644 n. Chr. - 1911 n. Chr.)] (WANG Shouchung 1988). In dem Buch „Huangxinxiyutuzi" wird beschrieben, daß der Keriya-He von Norden nach Süden fließt, was aufgrund geomorphologischer Verhältnisse nicht möglich ist. Doch ist ein solcher Fehler bei der Benutzung einer Karte durchaus verständlich: Bei Flüssen in Trockengebieten verwechseln geographisch nicht geschulte Betrachter und Betrachterinnen häufig Quelle und Mündung. Auf dem Satellitenbild (Institute of Geography, Academia Sinica 1983) erkennt man deutlich die Spuren des vorzeitlichen Flußlaufes. Nördlich von Daheyan hört die Dünenbildung zum großen Teil auf. Zwischen Daheyan und dem Tarim-He existiert ein von Sand bedecktes Flachland, welches sehr wahrscheinlich der Deltabereich des damaligen Keriya-He war. Ausweislich dieses alten Flußbettes floß der vorzeitliche Keriya-He tatsächlich in den Tarim-He. Wertet man alle Literaturangaben und Karten aus, in der Annahme, daß jeder Autor die zu seiner Zeit gegebenen Verhältnisse richtig geschildert hat, so ergibt sich, daß der Keriya-He um Christi Geburt die Takelamagan durchquerte und in den Tarim-He mündete. Solche Verhältnisse waren im 16. Jahrhundert und Anfang des 19. Jahrhunderts erneut gegeben. Dazwischen scheint der Keriya-He, wie heute, den Tarim-He nicht erreicht zu haben (vgl. Abb. 61). Die jüngste, zweigegliederte Feuchtperiode (16. Jahrhundert und Anfang des 19. Jahrhundert) entspricht ziemlich genau den bedeutendsten modernen Gletscher-Vorstößen. Die Feuchtperiode um Christi Geburt scheint der aus der Sahara bekannten feuchteren Zeit etwa 2 000 Jahre v. h. zu entsprechen.

Als HEDIN im Jahr 1897 seine Expedition in die Takelamagan durchführte, reichte der Wasserstand des Keriya-He bis ca. 100 km nördlich von Kaladun (HEDIN 1899). Damals teilte sich der Fluß ab Daheyan in zwei Flußarme. Das Wasser floß in einer Periode von wenigen Jahren abwechselnd durch jedes Flußbett. Geländeuntersuchungen von ZHU Zhenda 1959 deuten darauf hin, daß es damals in Daheyan mehrmals Überflutungen gab (pers. Mitt.). Daraus haben sich periodische Seen gebildet. Während der Expedition 1986 wurde durch Anfragen in Erfahrung gebracht, daß die Seen bei Daheyan schon in den sechziger Jahren ganz ausgetrocknet waren.

Die Veränderungen des Keriya-He hängen deutlich mit der Bevölkerungsentwicklung der Yütian-Oase zusammen. Am Ende des letzten Jahrhunderts zählte die Oase ca. 14 000 Einwohner. Nach statistischen Untersuchungen stieg die Bevölkerungszahl von 70 000 im Jahre 1943 über 110 000 im Jahre 1970 auf 150 000 im Jahre 1985 (WANG Shouchung 1988 und Landkreis Yütian, münd. Mitt.). Wegen des Bewässerungsbedarfes wurde die Wassermenge am Unterlauf des Flusses erheblich reduziert. Etwa 14 Stauseen wurden seit 1949 im aktuellen Ober- und Mittellauf des Keriya-He gebaut. Insgesamt erstrecken sich die Bewässerungskanäle über eine Länge von 3 000 km (nach Aussage des Amtes für Agrarplanung in Yütian). Um die Irrigation zu gewährleisten, wird das Wasser auch den Hochfluten entnommen und in den Stauseen gespeichert, bis die größtmöglichen Kapazitäten erreicht sind. Deshalb wirkt sich die Wasserentnahme für die Irrigation nicht nur auf das Niedrigwasser aus, sondern ebenfalls, wenn auch in geringerem Maße, auf das Hochwasser.

Die geschilderte Entwicklung gilt auch für andere Flüsse in der Takelamagan. Nach dem „Hanshuxiyuji" (Handschrift aus der Han-Dynastie; 206 v. Chr. bis 220 n. Chr.) gab es zahlreiche Bewohner in Shanshan, Qiemo und Jinjue (vgl. Abb. 29 u. Tab. 18). Diese Siedlungsplätze sind heute völlig von Dünen bedeckt. Während der Han-Dynastie (206 v. Chr. - 220 n. Chr.) gab es in Shanshan schon Dünen, versalzene Ländereien und deshalb weniger Ackerflächen. Die Vegetation war in dieser Region jedoch sehr dicht. Heute findet man um den Bereich der Ruinen herum nur noch Yardang-Formen, Barchandünen und Sandketten. Die ^{14}C-Datierung beweist, daß die menschlichen Aktivitäten im Bereich der Ruinen vom zweiten Jahrhundert v. Chr. bis zum sechsten Jahrhundert n. Chr. sehr intensiv waren. Milan (70 km nordöstlich von Ruoqiang, vgl. Abb. 29) war auch bis zum 9. Jahrhundert besiedelt. Am Unterlauf des Andier-He wurden die Siedlungsplätze nach ^{14}C-Datierungen von Bauholz von der Tang-Dynastie (618 - 907) bis ins 15. Jahrhundert genutzt. Akesibir (nördlich von Luopu; vgl. Abb. 29) ist - wie Funden der Stadtmauer und Tonwaren belegen - vermutlich in der Zeit zwischen dem fünften bis achten Jahrhundert verlassen worden. Zusammenfassend kann man sagen, daß das Wüstfallen der historischen Siedlungsplätze im Tarimbecken zwischen den feuchteren Phasen des Keriya-He erfolgte. Genaue zeitliche und klimatische Daten sind aus dieser Periode leider noch nicht gewonnen worden.

Tab. 18:
Die Bevölkerungszahlen der größten Oasen am Südrand der Takelamagan ca. 2 000 Jahre v. h. (aus „Hanshu", zitiert nach ZHU Zhenda & LUI Shu 1981)

Ort	Ruoqiang	Shanshan	Qiemo	Jinjue	Pishan
Einwohner	1 750	14 100	1 610	3 360	3 500

Es ist deutlich erkennbar, daß die Lage der historischen Siedlungsplätze vom Flußlauf abhängt. Die Siedlungen befanden sich entweder im Deltabereich, wie z. B. Kaladun und Jinjue, oder auf der Akkumulationsebene entlang des Flusses, wie z. B. Qiemo und Andier, aber auch am Rand der fluvialen Fächer, wie z. B. Pishan (vgl. Abb. 29). Aufgrund von ausgetrockneten Flußbetten, abgestorbenen Bäumen, Kanälen, Wegen und Ackerflächen kann man davon ausgehen, daß sich um die ehemaligen Siedlungsplätze herum Oasen befanden. Sonst waren die Siedlungen jedoch von wüstenhaften Landschaften umgeben. Der natürlich bedingte Wechsel des Flußverlaufes hat auch zum Wüstfallen der Siedlungen beigetragen. Wie viele Flüsse führt der Keriya-He eine große Sedimentfracht mit, was unter bestimmten Bedingungen zu einer Verlagerung des Flußlaufes führen kann. Eine solche Verlagerung ist heute am Unterlauf des Keriya-He zu beobachten: Wie oben erwähnt sind die Flußbetten im Westen ausgetrocknet. Das dortige Grundwasserniveau ist auf 5 - 10 m Tiefe abgesunken, die *Populus*-Bestände der ehemaligen Flußauen sterben ab. Das Hochwasser hat sich indessen weiter östlich ein neues Bett geschaffen, dort liegt der Grundwasserspiegel nur etwa 1 - 3 m unter der Oberfläche, diese Region ist demzufolge heute noch von ca. 800 Einwohnern besiedelt.

Nach HUANG Wenbi (1958) ist die Wüstung Lulan dadurch entstanden, daß die Bevölkerung die Flußläufe des Kunque-He und Tarim-He (vgl. Abb. 29) umgeleitet hat, um Bewässerungsfeldbau zu betreiben. Dadurch wurde Lulan von der Wasserzufuhr abgeschnitten. In der Ruine zutage geförderte Textilwaren belegen die Geschichte dieser Stadt, die seit Mitte des 4. Jahrhunderts allmählich wüstfällt (WANG Binhua 1985).

Aufgrund von Literaturrecherchen aus unterschiedlichen Zeiten stellt WANG Shouchung (1988) die Verlegung der Verkehrswege dar (Abb. 60); die Straßen weichen jeweils den vorrückenden Dünenfeldern aus. Aus Abb. 60 kann entnommen werden, daß die Dünenregion sich im Süden weiter ausgedehnt hat. Besonders in dem Bereich zwischen den Oasen bewegen sich die Dünen sehr schnell nach Süden.

Auf der Nordabdachung des Tian-Shan ist die letzte Moräne nach ^{14}C-Datierungen 14 920 ± 400 Jahre v. h. entstanden und die auf dieser Moräne liegenden Lösse haben ein Alter von 9 170 ± 400 Jahren (WANG Jingtai 1981). Die Pollenanalyse läßt vermuten, daß die Durchschnittstemperatur in Nord-Xinjiang um 10 000 Jahre v. h. etwa 8 - 10 ^{0}C und der Niederschlag 350 - 500 mm betrugen (beide Werte sind Jahresdurchschnittswerte, WANG Kaifa 1981 & HAN Shuti 1987). Dies entspricht auch den heutigen Klimaverhältnissen.

Zwischen 7 000 und 3 000 Jahren v. h. war das Klima in Xinjiang (insbesondere im Norden) wahrscheinlich wärmer und feuchter, weil sich Torfe während dieser Zeit an vielen Orten gebildet hatten. Beispielsweise gibt es Torfe in der Region des Lop-Nuer (vgl. Abb. 29), die nach ^{14}C-Datierungen vor 3 620 ± 90 Jahren gebildet worden sind. Die Waldgrenze hatte sich im Gebirgsbereich um etwa 300 m aufwärts verlagert, gleichzeitig zogen sich die Gletscher zurück. Aber in derselben Zeit gab es zwei Gletschervorstöße etwa 5 000 Jahre und 3 000 Jahre v. h. am Oberlauf des Wulumuqi-He (HAN Shuti 1987; vgl. Abb. 29).

Archäologen haben in Nord-Xinjiang viele Steinwerkzeuge aus dieser Zeit gefunden. Weitere archäologische Befunde zeigen, daß es menschliche Kulturen schon während der Jungsteinzeit im Landkreis Hami (vgl. Abb. 29) gegeben haben muß (Archäologisches Institut, Akademie der Geisteswissenschaften 1983).

Die archäologischen Funde aus Akesu deuten darauf hin, daß Besiedlungen schon vor der Han-Dynastie (206 v. Chr. - 220 n. Chr.) am Nordrand der Takelamagan existierten. Dort fand man handgefertigte Tonwaren sowie Stein- und Knochenwerkzeuge 4 m unter der Geländeoberfläche (Archäologische Gruppe, Xinjiang 1965).

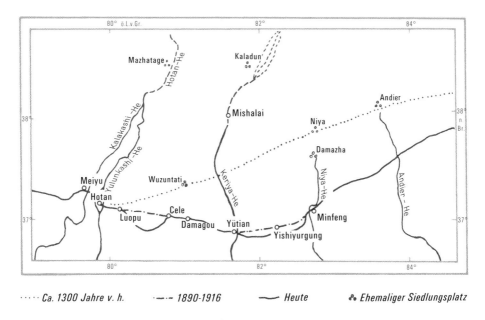

····· Ca. 1300 Jahre v. h.   ·—·— 1890-1916   ——— Heute   •• Ehemaliger Siedlungsplatz

Abb. 60:
Die Verlegung der Verkehrswege am Südrand der Takelamagan (nach WANG Shouchung 1988, leicht verändert)

Nach HAN Shuti (1987) gibt es drei bis vier Moränen-Staffeln im Vorfeld der heutigen Gletscher im Nord- und Südabdachungsbereich des Tian-Shan. Die äußeren entstanden in der Zeit vom 17. bis 18. Jahrhundert, die inneren bildeten sich Mitte des 20. Jahrhunderts. Sie entsprechen damit dem „little ice age". Der Rückgang der Gletscher ist entweder durch die Abnahme des Niederschlages oder durch die Zunahme der Temperatur bedingt. Die Abnahme der Wassermenge in den Flüssen (z. B. dem Keriya-He) deutet auf eine Tendenz zur Austrocknung hin. Das verfügbare Wasser aus den Kanrjing (Wasserkanäle unter der Erdoberfläche) hat sich am Tulufan von 300×10^6 m³ in den fünfziger Jahren auf 157×10^6 m³ in den achtziger Jahren reduziert. In den letzten 250 Jahren hat sich die Schneegrenze um etwa 250 m gehoben (HAN Shuti 1987).

Inwiefern haben die menschlichen Aktivitäten das Wüstfallen der damaligen Siedlungsplätze begünstigt? Um diese Frage zu beantworten, sind genauere Untersuchungen wünschenswert. Die enorme Mächtigkeit von Gips- und Salzablagerungen in den ausgetrockneten Seen, wie z. B. im Lop-Nuer-Gebiet (pers. Mitt. DUNG Guangyung 1989), spricht jedoch für ein prinzipiell arides Klima während des gesamten Quartärs.

4 Die Merkmale und Besonderheiten von Takelamagan und Badanjilin

4.1 Substrate der äolischen Formen

4.1.1 Granulometrie

Während der Geländeaufenthalte gewann ich den Eindruck, daß die Sande in der Badanjilin gröber als in der Takelamagan sein könnten. Dies wurde durch die Analyse im Labor bestätigt. Die 4 untersuchten Kammsande aus der Badanjilin zeigen im Durchschnitt eine mittlere Korngröße von 0.179 mm (2.48 ϕ), eine Sortierung von 0.46 (ϕ) und eine Kurtosis von 1.06 (ϕ) (vgl. Tab. 5). Die Sande in der Takelamagan weisen aufgrund der 17 Kammsandproben im Durchschnitt eine mittlere Korngröße von 0.136 mm (2.88 ϕ), eine Sortierung von 0.57 (ϕ) und eine Kurtosis von 1.10 (ϕ) auf (vgl. Tab. 16).

Die Sande aus dem Bereich des Keriya-He (Takelamagan) sind überdies feiner als die aller anderen chinesischen Wüsten. Nach HUANG Xingzhen & PAN Zhonghai (1981) liegt die mittlere Korngröße der Sande aus der Maowusu Wüste (östlich von der Badanjilin, vgl. Abb. 1) bei 2.28 - 2.85 (ϕ) (0.14 - 0.21 mm) und die Sortierung bei 0.25 - 0.32 (ϕ). In der Maowusu Wüste nimmt die mittlere Korngröße der Sandproben von Nordwest nach Südost ab; dies entspricht der vorherrschenden Windrichtung und kennzeichnet zugleich die nach SE hin abnehmende Windstärke. Neben der Abnahme der mittleren Korngröße ist auch ein bedeutender Unterschied der Bewegung von Sandkörnern festzustellen. Im Nordwesten der Maowusu bewegen sich die Sandkörner wegen der starken Aerodynamik zum größten Teil durch Sprünge (saltation). Dagegen ist die Bewegung der Sandkörner im südöstlichen Bereich durch Rollen charakterisiert. Die Proben aus Shapotou in der Tenggeli Wüste (südöstlich der Badanjilin; vgl. Abb. 1) zeigen eine durchschnittliche mittlere Korngröße von 0.169 mm (2.56 ϕ) (YANG Gensheng et al. 1987). Es ist jedoch schwierig, alle chinesischen Wüsten im Hinblick auf ihre Korngröße zu vergleichen, weil es an genaueren Untersuchungen fehlt. Bei den vorhandenen Ergebnissen sind die Berechnungen oft nach unterschiedlichen Methoden erfolgt; z. B. schreibt CHEN Yunzun (1983), daß 90 % der äolischen Sande auf dem Hulunbaier Hochland (im Nordosten Chinas; vgl. Abb. 1) einer Fraktion der Korngröße von 0.5 - 0.1 mm entsprechen.

Werden die chinesischen Wüsten im allgemeinen als kalte Wüsten dargestellt, dann können die afrikanischen Wüsten hingegen als warme Wüstentypen bezeichnet werden, die granulometrisch generell gröber sind. Die Untersuchungen weisen darauf hin, daß die Kammsande in der algerischen Sahara im Durchschnitt einen mittleren Durchmesser von 0.251 mm haben (7 analysierte Proben aus dem Kammbereich zeigen einen mittleren Durchmesser von 0.1476 mm, 0.2906 mm, 0.2565 mm, 0.2172 mm, 0.3143 mm, 0.2793 mm und 0.2530 mm, aus BESLER 1984a; S. 52-53). Die Dünen-Namib weist aufgrund der 81 untersuchten Kammsand-Proben im Durchschnitt eine mittlere Korngröße von 0.225 mm, eine Sortierung von 0.5406 (ϕ) und eine Kurtosis von 0.9787 (ϕ) auf. Diese Sande sind also grob, gut bis mäßig sortiert und mesokurtisch (BESLER 1980).

Nach HAGEDORN (1990) bestehen die Barchansande bei Faya im Tschad fast ausschließlich aus Quarz, wobei Korngrößen über 0.2 mm mehr als die Hälfte der Gesamtmenge ausmachen. Der Siltanteil ist mit weniger als 0.1 % ohne Bedeutung. Nach VÖLKEL (1987) haben die Dünensande bei Dibella (Ost-Niger) eine helle Färbung (10 YR 8/4 dry) mit Dominanz der mS (mittlere Sande) - Fraktion (0.2 - 0.63 mm) bei ausgesprochen geringen Anteilen an gS (grobe Sande) und der Fraktion < 0.063 mm.

Die Sande der Rub'al Khālī im Bereich der Vereinigten Arabischen Emirate zeigen nach BESLER (1982) eine durchschnittliche mittlere Korngröße von 0.177 mm.

Generell sind also die Wüstensande im Bereich der Wendekreise gröber als die Sande in den chinesischen Kontinentalwüsten. Das entspricht im allgemeinen dem Unterschied zwischen warmen und kalten Wüsten.

4.1.2 Schwermineralien

Aus beiden Wüsten wurden Proben von Dünensanden auf ihre Schwermineralien untersucht. Zunächst fällt auf, daß die Sande aus der Takelamagan und der Badanjilin sich allgemein in der Höhe ihres Schwermineralgehaltes unterscheiden. Alle Proben aus der Badanjilin haben nur geringe Schwermineraliengehalte. Der höchste Wert des Schwermineralienanteils der Sande liegt in der Badanjilin bei 3.42 % (Probe 14, vgl. Tab. 6). In der Nähe des Guizihu (Badanjilin; vgl. Abb. 4) liegt der Schwermineralienanteil nur bei 1 % (Probe 1, 2, 5, 6. vgl. Tab. 6). Dagegen ist der Schwermineraliengehalt in der Takelamagan wesentlich größer. Die Proben aus dem Dünenbereich der Takelamagan weisen einen Schwermineralienanteil von 6.68 - 17.52 % auf (vgl. Tab. 17).

Die Sande der Badanjilin lassen sich von denen der Takelamagan auch hinsichtlich der Schwermineralienzusammensetzung unterscheiden. Hornblende hat einen hohen Anteil an den Proben der Takelamagan. Der prozentuale Anteil der Hornblende in der Takelamagan beträgt 25.41 - 46.11 % (meistens > 35 %) des gesamten Schwermineralienbestandes. Der Wert von 9.92 - 33.71 % (meistens < 20 %) ist für die Badanjilin charakteristisch. Der Epidotanteil an den gesamten Schwermineralien beträgt 22.54 - 46.15 % (meistens > 35 %) in der Badanjilin und 16.77 - 36.65 % (meistens < 30 %) in der Takelamagan.

Der generelle Unterschied zwischen den beiden Wüsten in Bezug auf die Schwermineralienzusammensetzung besteht darin, daß die instabilen Mineralien über 40 % in der Takelamagan und weniger als 26.15 % in der Badanjilin (Maximum für die Dünensande) ausmachen. Andererseits haben die stabilen Mineralien einen Anteil von 5.59 - 16.77 % im Dünenbereich der Takelamagan und 27.13 - 50.66 % bei den Proben der Badanjilin. Sehr stabile Mineralien haben in der Badanjilin (1.32 - 4.19 %) eine größere Bedeutung als in der Takelamagan (Maximum 1.81 %).

Die Sande, die aus der Maowusu Wüste (östlich der Badanjilin; vgl. Abb. 1) entnommen wurden, bestehen im Durchschnitt zu 3.42 % aus Schwermineralien, wobei 32.74 % instabile (überwiegend Hornblende), 17.07 % mäßig stabile (hauptsächlich Epidot), 47.39 % stabile (vorwiegend Granat und Metalle) und 2.86 % sehr stabile

Mineralien (z. B. Turmalin) sind[13].

Die Wüsten, die sich noch weiter östlich befinden, enthalten nur einen geringen Anteil an Schwermineralien. Die Dünensande des Keerqin Sandlandes (im Nordosten Chinas; vgl. Abb. 1) haben einen Schwermineraliengehalt von 1 %. Der Anteil von instabilen und sehr stabilen Mineralien ist in ihnen etwa gleich hoch. Das Analysenergebnis zeigt, daß 4.7 % instabile, 24.84 % mäßig stabile, 64.84 % stabile und 4.46 % sehr stabile Mineralien sind. Das Hunshandake Sandland (im Nordosten Chinas; vgl. Abb. 1) besteht überwiegend aus fixierten Dünen. In den wenigen mobilen Dünen enthalten die Sande nur 0.97 % Schwermineralien. Diese Schwermineralien bestehen aus 14.10 % instabilen, 33.13 % mäßig stabilen, 48.59 % stabilen und 4.19 % sehr stabilen Mineralien.

Nach CHEN Yunzun (1983) gibt es in Hulunbaier (im Nordosten Chinas; vgl. Abb. 1) auch Dünen, die zum größten Teil fixiert sind. Die Vegetationsdeckung erreicht bei diesen Dünen etwa 30 %. Mineralogischen Untersuchungen zufolge betragen die Schwermineralienanteile weniger als 2 % des Sandgehaltes der fixierten Dünen. Die Sortenzahl der Schwermineralien beträgt in Hulunbaier 49, Granat, Hornblende, Epidot und Titanit repräsentieren die größten Anteile. Die prozentualen Anteile der Schwermineralien betragen 18.5 - 38.78 % für instabile, 50.49 - 65.5 % für mäßig stabile, 6.16 - 14.6 % für stabile und 4.0 - 15.3 % für sehr stabile Schwermineralien.

Zusammenfassend zeigt die Schwermineralienbestimmung, daß die Anteile instabiler und mäßig stabiler Schwermineralien im chinesischen östlichen Sandgebiet geringer und in der Takelamagan höher als in der Badanjilin sind. Dies kann so interpretiert werden, daß die chemische Verwitterung in der Badanjilin intensiver ist als in der Takelamagan, allerdings schwächer als im Bereich der chinesischen östlicheren Sandgebiete. Der Grund dafür liegt in den hygrischen Bedingungen. Bei den in Nordchina von Ost nach West abnehmenden Niederschlägen nimmt die Badanjilin im Vergleich mit der Takelamagan und dem Maowusugebiet eine Mittelstellung ein.

Nach POLDERVAART (1957) bleibt der Schwermineralanteil in den roten Kalahari-Sanden unter 0.5 %. Die Untersuchung von VÖLKEL (1987) deutet darauf hin, daß die Feinsande aus den Dünen der unterschiedlichen Generationen in Dünengebieten des Niger eine auffällig große Dominanz an Quarzen aufweisen. Feldspäte sind nur in geringer Anzahl vorhanden. Die schwermineralogische Bestimmung zeigt ganz andere Ergebnisse als in den chinesischen Wüsten. „Sie untermauert die bereits an den Leichtmineralen erkenntliche Verarmung der Sande an leicht verwitterbaren Mineralen. Hornblenden, Granate und Disthene fehlen völlig. In allen Proben dominiert Zirkon über abnehmende Gehalte an Turmalin, Rutil, Anatas, Staurolith und Epidot."

Zusammengefaßt ist festzustellen, daß der Schwermineraliengehalt der Sande in den chinesischen Wüsten höher ist als in den Wüsten um die Wendekreise. Innerhalb der chinesischen Wüsten nimmt der Schwermineraliengehalt der Sande vom Westen nach Osten ab. Das Mineralspektrum weist darauf hin, daß die instabilen und mäßig stabilen Anteile der Sande in den chinesischen Wüsten die Hauptbestandteile repräsentieren, und daß die stabilen und sehr stabilen Anteile in der Sahara als Hauptbestandteile angesehen werden. Die prozentualen Anteile auch der instabilen und mäßig stabilen

---

[13] Diese Daten stellte Senior-Ing. SUN Jingxi (Lanzhou) mir freundlicherweise zur Verfügung.

Mineralien nehmen innerhalb der chinesischen Wüsten vom Westen nach Osten ab. Dies ist auf das Verwitterungsgeschehen zurückzuführen.

4.1.3 Mikrostruktur der Kornoberfläche

Im Prinzip haben die Sande der Badanjilin vergleichbare Oberflächenstrukturen wie die der Takelamagan. Die durch mechanische Vorgänge bedingten Oberflächenstrukturen treten bei den untersuchten Quarzkörnern aus der Badanjilin und der Takelamagan sehr oft (jeweils über 60 % der Quarzkörner) auf. Jedoch existieren Unterschiede zwischen den beiden Wüsten. Den Badanjilin-Sanden fehlen die Mikrooberflächenstrukturen sowie muschelige Brüche und V-förmige Einkerbungen, die bei den Sanden der Takelamagan vorhanden sind. Die chemischen Strukturen sind bei den Badanjilin-Sanden weiter verbreitet als bei denen der Takelamagan. 32.46 % der untersuchten Quarzkörner aus der Badanjilin weisen Kieselsäureplättchen auf, die sich nur bei 13.66 % der untersuchten Takelamagan-Sande gebildet haben. Dieser Unterschied ist möglicherweise darauf zurückzufüren, daß die Proben der Takelamagan aus dem Flußbereich des Keriya-He entnommen wurden. In der Nähe des Flusses ist der Boden etwas feuchter. Da das Flußwasser nur einen geringen Salzgehalt hat, ist der Salzgehalt im Boden im Bereich des Keriya-He etwas niedriger. In diesem Fall hat das Tauwasser im Bereich des Keriya-He eine geringere Lösungsfähigkeit als in der Badanjilin. Wie oben (3.3.3) geschildert, ist das Kieselsäureplättchen praktisch die neue Ablagerung des durch Taubildung gelösten SiO_2. Aus diesen Gründen haben sich die chemischen Strukturen im Bereich des Keriya-He nicht so weit entwickelt wie in der Badanjilin.

Generell ist die Kornzurundung der Badanjilin-Sande besser als die der Takelamagan-Sande. Dies ist wahrscheinlich darauf zurückzuführen, daß die Sandmasse der Takelamagan größer ist als die der Badanjilin (vgl. 2.4.2 u. 3.4.2). Deswegen setzen sich die einzelnen Sandkörner in der Badanjilin häufiger als in der Takelamagan in Bewegung. Die unterschiedliche Kornzurundung beider Wüsten ist auch durch die unterschiedliche Sandzufuhr beeinflußt.

Die Mikrostrukturen der Oberfläche zeigen, daß die Takelamagan-Sande noch deutliche Spuren der früheren glazialen Prozesse aufweisen. Dagegen weisen die Badanjilin-Sande keine solche Erscheinungen auf. Dies ist wahrscheinlich damit zu erklären, daß die Badanjilin-Sande überwiegend aus den Seesedimenten und den Uferwällen stammen. Sicherlich bringt der Fluß Ruoshui (vgl. Abb. 4) teilweise moränische Materialien vom Qilian-Shan hierher, jedoch ist deren Anteil an den Wüstensanden begrenzt. Unter den häufigen Windwirkungen werden die glazialen Spuren allmählich verwischt. Dagegen sind die Takelamagan-Sande hauptsächlich aus dem Kunlun-Shan und dem Tian-Shan gekommen, wobei die Materialien glazialen Bedingungen ausgesetzt waren (s. 3.4.2). Wegen der größeren Sandmasse sind viele Sandkörner über größere Zeiträume in ihrer Lage fixiert, dadurch ist die Überformung der Oberflächenstrukturen beschränkt. Demzufolge haben die Takelamagan-Sande noch die Spuren ihres früheren Milieus.

4.2 Geomorphologische Formungsprozesse und regionale Faktoren

Die Formungsprozesse der Badanjilin und der Takelamagan gehören bis heute immer noch zu den Themen, die am wenigsten erforscht sind. Deswegen ist man noch nicht in der Lage, ein detailliertes Bild über die Unterschiede der Formungsprozesse zwischen beiden Wüsten zu geben. Anhand der Befunde dieser Arbeit (vgl. 2.2.1) ist es offensichtlich geworden, daß es in der Badanjilin während des Quartärs einige feuchtere Perioden gegeben haben muß. Der Nachweis einer Vegetationsbedeckung der Dünen aufgrund kalkverbackener Wurzeln spricht bei manchen Proben für die Zeit um 207 000 ± 10 000 Jahre v. h. (Probenummer: Hv 541), bei anderen um 31 750 ± 485 Jahre v. h. (Hv 15 943) bzw. um 19 100 ± 770 Jahre v. h. (Hv 15 944).[14] Weitere Vegetationsphasen traten in der Zeit 9 435 ± 345 Jahre v. h. (Hv 15 938) und 2 070 ± 100 Jahre v. h. (Hv 15 937) in der Badanjilin auf (s. Abb. 61). Die hier genannten feuchteren Perioden waren wahrscheinlich jedoch zeitlich stark begrenzt, so daß keine Bodenbildungsspuren zu finden sind.

Überraschenderweise zeigt Abb. 61, daß zwischen den Kalkkonzentrationen in der Badanjilin und den Klimaabläufen im Chaidamu-Becken (vgl. Abb. 1) ein Zusammenhang besteht. Es ist deutlich zu erkennen, daß die Kalkkonzentration in der Badanjilin in den Übergangszeiten zwischen feuchteren und trockeneren Klimaphasen des Chaidamu-Beckens entstanden. Es scheint so zu sein, daß die Klimaschwankungen in der Badanjilin mit denen im Chaidamu-Becken korrelieren. Die genauen Zusammenhänge bedürfen noch weiterer detaillierter Untersuchungen.

Die bisher gefundenen Hinweise auf feuchtere Klimabedingungen sind in der Takelamagan die Schwemmfächer des Randbereiches und die Flußterrassen (vgl. 3.2). Nach den Kalkverkrustungen der höchsten Terrasse (20 m) zu schließen, muß der Niederschlag vor 28 740 ± 1 750/1 340 Jahren (^{14}C - Datierung, Hv 14 896, vgl. Abb. 61) wesentlich höher (etwa 5 mal so hoch wie heute) gewesen sein. Nach historischen Literaturangaben war das Klima um Christi Geburt, im 16. Jahrhundert und Anfang des 19. Jahrhunderts ebenfalls feuchter. Feuchtere Verhältnisse in den Zeiträumen um ca. 28 000 Jahre v.h. und 2 000 Jahre v.h. kamen auch in der Badanjilin vor.

Die Löß- und Paläobodenuntersuchungen im Yilibecken (Nordseite des Tian-Shan; vgl. Abb. 29) von WEN Qizhong und ZHEN Hunhan (1988) haben die Klimakenntnisse über Nord-Xinjiang systematisch ergänzt. Sie gehen davon aus, daß es seit 120 000 Jahren viermal Klimaveränderungen im Bereich Nord-Xinjiangs gegeben hat: von 120 000 bis 75 000 v. h. muß das Klima feuchtwarm gewesen sein; von 75 000 bis 50 000 v. h. trocken und kalt; von 50 000 bis 23 000 v. h. mild und feucht und von 23 000 bis 10 000 v. h. trocken und kalt. Die Paläoböden zeigen, daß es zwei kalte und zwei feuchte Phasen während des Holozäns (2 800 v. h. und 1 400 v.h.) gab. Nach Pollen- und Aibi-Hu[15]-Sedimentanalysen (vgl. Abb. 29) erfolgten die Klimaveränderungen in Zeiträumen von 10 000 Jahren: von 10 000 bis 7 500 v. h. war das Klima trocken und kalt; von 7 500 bis 2 500 v. h. war es warm und feucht (ideales Klima) und von 2 500 v. h. bis heute war es mild und trocken. Dies bedeutet, daß die Veränderun-

---

[14] Der erste Wert ist durch Uran-Thorium Isotopenanalysen, die anderen sind durch ^{14}C-Analysen im C-14 und H-3 Labor Hannover bestimmt worden.

[15] „Hu" bedeutet im Chinesischen See.

gen des Klimas in den letzten 120 000 Jahren mit 10^4-jährigen Schwankungen und in den letzten 10 000 Jahren mit 10^3-jährigen Schwankungen erfolgten.

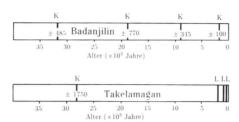

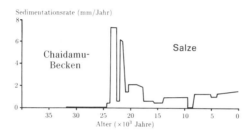

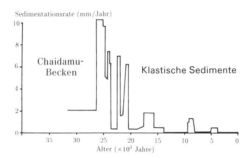

Abb. 61:
Die Zeiten mit Hinweisen auf feuchtere Klimabedingungen in den Untersuchungsgebieten (in den letzten 35 000 Jahren; K = nach Kalkkonzentrationen; L = nach der Literatur) im Vergleich mit Ergebnissen vom Chaidamu-Becken (vgl. HÖVERMANN & SÜSSENBERGER 1986)

Im Dünenprofil des Maowusu - Sandlandes (östlich der Badanjilin, vgl. Abb. 1) gibt es mehrere dunkle Bodenhorizonte (DUNG Guangyun et al. 1988; LI Baosheng et al. 1988). Dies bedeutet, daß das Klima in diesem Gebiet mehrere feuchtere Phasen durchlaufen haben muß. Die heutigen Niederschläge betragen hier 250 - 400 mm/Jahr. Deshalb ist die Masse der Dünen fixiert oder teilfixiert. Einerseits ist die Desertifikation in diesem Gebiet ein großes Problem (HUANG Zhaohua & SONG Bingkui 1982, CHEN Guangting et al. 1987, ZHENG Daxian & SPÖNEMANN 1989), andererseits kann durch intensive Schutzmaßnahmen, wie z. B. eine Sperrung des betroffenen Gebietes, der Vegetationszuwachs gefördert werden, um die mobilen Sande in wenigen Jahren festzulegen.

Die Rolle der Dünenbildung nimmt in der Geschichte der Landschaftsentwicklung des Hulunbaier Sandlandes (vgl. Abb. 1) nur einen vergleichsweise kleinen Zeitraum ein. Der aktuelle Zustand der Dünen ist fixiert oder teilfixiert. Im Dünenprofil befinden sich generell drei humusreiche schwarze Bodenschichten, die noch gut erhalten sind. Wegen ihrer nördlichen Lage dominierten im Bereich des Hulunbaier Sandlandes periglaziale Bedingungen während des späteren Pleistozäns. 1960 wurden große Teile des Graslandes (fixierte Dünenregionen) für den Getreideanbau genutzt. Dadurch entstanden mobile Dünen. Dies hatte zur Folge, daß das Gebiet ab 1962 für jegliche Nutzung gesperrt werden mußte. Nach weiteren drei Jahren hatte das Land wieder seinen ursprünglichen Zustand erreicht (CHEN Yunzun 1983).

Werden die Hauptergebnisse der oben aufgeführten Darlegungen zusammengefaßt, so sind die Unterschiede zwischen den beiden Wüsten und auch anderen Wüsten eindeutig. Dazu stellt sich selbstverständlich die Frage, welche Faktoren die verschiedenen formenden Kräfte in ihrer Wirkung beeinflussen können. Die Abhängigkeit der Wüsten vom Klima ist schon von MORTENSEN (1927) beschrieben worden. Wegen Klimaveränderungen haben viele Wüstenbereiche, z. B. die Maowusu (östlich der Badanjilin; vgl. Abb. 1), mehrere Phasen erfahren, die sich durch verschiedene Schichten im Profil zeigen. In der Takelamagan fehlen offenbar Nachweise einer Bodenbildung. Welche Ursachen sind dafür verantwortlich ? Einerseits zeigt sich, daß die Untersuchungen in der Takelamagan noch unzureichend sind. Andererseits ist festzustellen, daß die besondere geographische Lage der Takelamagan und der Badanjilin den Einfluß der globalen Klimaschwankungen in beiden Regionen vermindert hat. Das bedeutet, daß die Bereiche der Takelamagan und der Badanjilin auch während ihrer feuchteren Perioden des Quartärs generell zum Trockenklimagebiet gehörten.

Die Lage und die klimatischen Bedingungen der Takelamagan und der Badanjilin sind schon in Kapitel 2.1 und 3.1 geschildert worden. Nach Untersuchungen von LI Jijun et al. (1979) war das tibetanische Plateau schon im frühen Pleistozän bis auf 2 000 - 3 000 m ü. M. gehoben worden. Nach ZHAO Xitao (1975) erreicht der Himalaya seit dem späten Pleistozän im Durchschnitt eine Höhe von über 4 500 m ü. M. Einerseits stellt das Plateau ein Hindernis für die Süd- und Westluftströmungen dar, andererseits hat das Plateau eine stark thermische Wirkung, die das Klima Asiens gravierend beeinflußt. Gegenüber der Atmosphäre der Umgebung ist die Luftmasse auf dem tibetanischen Plateau eine kalte Quelle im Winter und eine warme Quelle im Sommer.

Mit einem Modellexperiment hatten MANABE & TERPSTRA (1974) den Einfluß des tibetanischen Hochlandes auf die südasiatische Luftzirkulation untersucht. Im Winter würde kein Hochdruck über Sibirien existieren, wenn das Modell des tibetanischen Hochlandes nicht in Kraft träte. Im Fall des Fehlens des Hochlandes entwickelt sich ein schwacher Hochdruck im Bereich 30^0 N von Lasha. Wenn das Modell des Hochlandes zum Zuge kommt, dann bewegt sich jedoch der Hochdruck mit stärkerem Effekt bis 45^0 N. Tatsächlich befindet sich das Zentrum des Hochdrucks noch etwas nördlicher. Dieses Experiment zeigt, daß die Verteilung der Ozean- und Landmassen den „Sibirischen Hochdruck" erzeugt und daß das Plateau die Position und die Stärke des Hochdrucks bestimmt. Im Sommer erreicht die vom Äquator kommende Südwestströmung die indische Halbinsel, wenn das Plateaumodell zur Anwendung kommt. Ohne das Plateaumodell entwickelt sich ein tiefes Druckzentrum bei 50^0 N, 125^0 E, in dem Fall bildet sich kein Tiefdruck im indischen Raum und auch kein Südwestmonsun. Neben der Hebung des tibetanischen Plateaus und der Gebirge an den West- und Nordrändern der Takelamagan wird das Klima im Bereich des Tarimbeckens zunehmend trockener. Dank der östlichen Lage und des offenen Südostrandes der Badanjilin kann der Südostmonsun die Region der Badanjilin im Sommer beeinflussen.

Es ist auch anzunehmen, daß es in der Takelamagan während der Eiszeit kälter war als in der Badanjilin. Der Beweis dafür sind die vielen Sandkeile in einer Höhe von etwa 1 400 m im Süden von Cele (am Südrand der Takelamagan, vgl. 3.4.1; s. Abb. 56), obwohl die Takelamagan südlicher liegt und die Höhe niedriger ist als die der Badanjilin. Es gibt im Bereich der Badanjilin keine solchen Phänomene. Wahrscheinlich wurden die kälteren Luftmassen aus dem Norden im Tarimbecken durch die Randgebirge während der Eiszeit für längere Zeit aufgehalten; diese Luftmassen überqueren jedoch das Alashan Hochland. Durch Frostverwitterung werden die Sandkörner erheblich zerkleinert. Dieser Prozeß ist wahrscheinlich dafür verantwortlich, daß die Sande in der Takelamagan feiner sind als in der Badanjilin.

5 Zusammenfassung und Schlußbetrachtung

In der vorliegenden Arbeit werden die geomorphologischen Charakteristiken in Trockenräumen NW - Chinas beschrieben. Detaillierte Untersuchungen wurden auf die Badanjilin Wüste und die Takelamagan Wüste beschränkt (s. Abb. 1). Die Badanjilin liegt im Alashan Hochland zwischen $39^020'$ und 42^0 nördlicher Breite sowie $99^048'$E und $104^014'$ östlicher Länge und wird im Süden und Osten vom Beida-Shan und dem Yabulai-Shan begrenzt (vgl. Abb. 4). Die Badanjilin bedeckt eine Fläche von 44 300 km^2. Die Takelamagan befindet sich zwischen $36^030'$ N und $41^045'$ N sowie $70^020'$ E und 90^0 E im Zentrum des Tarimbeckens (vgl. Abb. 29). Das Tarimbecken liegt zwischen dem Tian-Shan im Norden und dem Kunlun-Shan im Süden, der im Westen ins Hochgebiet des Pamir übergeht. Der vorzeitliche Seeboden Lop-Nuer begrenzt es im Osten. Die Takelamagan nimmt eine Fläche von nahezu 337 000 km^2 ein. Beide Wüsten liegen zwischen 900 und 1 500 m hoch.

Die Untersuchungsgebiete sind gekennzeichnet durch ein ausgeprägtes Trockenklima. Während der Wintermonate liegen beide Wüsten wie ganz NW - China im Einflußbereich eines kräftig entwickelten Hochdruckgebietes über Mittel - Sibirien und der Mongolei und dadurch unter der Einwirkung kontinental - trockener und kalt - polarer Luftmassen (s. Abb. 2). Im Sommer unterliegt die Badanjilin dem Einfluß tropisch - pazifischer Luftmassen, während es in der Takelamagan zur Ausbildung einer Antizyklone im östlichen Bereich kommt, der eine Zyklone im westlichen Teil gegenübersteht (s. Abb. 31). Der Niederschlag im Jahresdurchschnitt liegt infolgedessen in der Badanjilin zwischen 40 und 100 mm (vgl. Tab. 2), in der Takelamagan zwischen 14 und 70 mm (s. Tab. 10). In der Badanjilin nimmt der Niederschlag von Südost nach Nordwest ab, im Tarimbecken dagegen vom Randbereich zum Zentrum. Die Temperatur ist im Jahresdurchschnitt in der Takelamagan generell höher als in der Badanjilin. Die Klimastationen am Rand der Badanjilin zeigen Jahresmitteltemperaturen zwischen 6.8^0 - $8.5\ ^0C$ (s. Tab. 3), fast alle Klimastationen am Rand der Takelamagan verzeichnen eine Jahresmitteltemperatur von über 10 ^0C (s. Tab. 14). Das wird im wesentlichen durch höhere Temperaturen der Takelamagan in den Sommermonaten verursacht.

Feldbeobachtungen, Luftbilder und Satellitenbilder zeigen, daß das aerodynamische Relief und die Sandschwemmebenen (im Sinne von HÖVERMANN 1985) in beiden Gebieten die vorherrschenden geomorphologischen Landschaftstypen sind. Das aerodynamische Relief, gekennzeichnet durch vom Wind geschaffene Oberflächenformen, ist hier überwiegend durch Dünenfelder repräsentiert. Die Dünen erreichen in der Badanjilin häufig Höhen von 200 - 300 m, stellenweise sogar über 500 m (s. Abb. 9). Zwischen den Dünen der Badanjilin gibt es 0.5 - 1 km^2 große Seen; sie sind perennierend und zeigen die Höhenlage des Grundwasserspiegels an; im Uferbereich dieser Seen gibt es daher eine konzentrische Veränderung der Pflanzenzusammensetzung (s. Abb. 14). In den großen Dünen sind stets Unstetigkeitsflächen vorhanden, die alte Landoberflächen darstellen und zeigen, daß die Dünen der Badanjilin unterschiedlichen Formungsphasen entstammen. Aus Aufragungen von anstehendem Gestein in den Dünenhängen (s. Abb. 11) geht hervor, daß die heutigen Dünenfelder ein ehemaliges Relief mit einzelnen steil aufragenden Bergen verhüllen. Im Tarimbecken ziehen sich ausgedehnte Dünenkomplexe (s. Abb. 36) auch in die Randbereiche hinein. Die Dünen der Hauptdünenfelder erreichen häufig Höhen von 100 m. Ähnlich wie in der Badanjilin spiegelt die Vegetationszusammensetzung im Uferbereich der Flüsse die unterschiedliche Verfügbarkeit des Grundwassers wider (s. Abb. 37).

Am Rand der Dünenfelder der Untersuchungsgebiete gibt es Sand- und Kiesschwemmebenen von wenigen bis zu einigen tausend km^2 Ausdehnung. Besonders typisch ausgebildet ist die Schwemmebene am Ostrand der Badanjilin. In der Takelamagan liegen die Sande meistens als relativ dünner Schleier über Schottern und Kiesen, in diesen Fällen ist als Ausgangsform der aktuellen Sandschwemmebenenbildung generell die Gestalt von großen Schwemmfächern erkennbar, die ursprünglich durch heute sandverfüllte Rinnen gegliedert waren. Die aus dem Kunlun-Shan stammenden Flüsse, die hauptsächlich durch Schnee- und Gletscherschmelze des Quellgebietes gespeist werden, durchqueren das Vorland des Kunlun-Shan und teilweise auch die Sandschwemmebene. Diese Wüstenschluchten müssen als Fremdlingsformen bezeichnet werden. Solche schluchtartigen Einschnitte fehlen in der Badanjilin. Der Grund dafür ist, daß die Badanjilin sich auf einem Plateau befindet und von keinem Fluß durchquert wird.

Im Tiefenbereich beider Wüstengebiete befinden sich vorzeitliche Seeböden, die heute starker Deflation unterliegen. Am Rand der vorzeitlichen Seeböden der Badanjilin können nach dem Deckungsgrad der Vegetation und nach dem Oberflächenmaterial zwei Typen unterschieden werden: (a): Bereich historischer Seespiegelabsenkung (seit ca. 400 Jahren, s. Abb. 16); (b): Bereich subrenzenter Seespiegelabsenkung (Postglazial ? s. Abb. 18). Ebenso werden viele Bereiche der Takelamagan als vorzeitliche Seeböden diagnostiziert, vor allem Lop-Nuer. Im aktuellen Endbereich des Keriya-He gibt es gering mächtige Seesedimente, die in einem episodisch auftretenden See gebildet wurden. Yardangs sind infolge der Deflation in den vorzeitlichen Seeböden ausgebildet.

Hinsichtlich des morphologischen Gefügemusters sind Unterschiede innerhalb der Trockenräume NW - Chinas vorhanden. Am Nordsaum der Badanjilin sind vorzeitliche Pedimente (im Sinne von HÖVERMANN 1985) fast unverändert erhalten, was der Takelamagan fehlt. In der Takelamagan ragen einzelne Gebirgszüge nur wenig aus den Dünenfeldern auf. In der Badanjilin dagegen erhebt sich der Yabulai-Shan bis auf 1 600 - 2 200 m ü. M. Hier werden Flugsande aus den Dünenfeldern von Nordwestwinden über die Schwemmebene zum Rücken des Yabulai-Shan verfrachtet; dort entstehen in Geländedepressionen auch kleine Dünen (s. Abb. 20). Die SE - Seite dagegen zeigt bedeutende fluviatile Formung. Im Granit des Yabulai-Shan wurden tafoniartige Formen gefunden (s. Abb. 27), die auf unterschiedliche Weise erklärt werden können. Ein deutlicher Einfluß der Wüste auf das nördlich anschließende Gebirge ist nicht erkennbar. In den umrahmenden Gebirgen der Takelamagan dagegen lassen sich zwei unterschiedliche Regionen ausgrenzen: Das löß- und sandbedeckte Hügelland mit Wüstenschluchten und die alpine Höhenstufe (die Hochgebirgsregion): Im Randbereich des Kunlun-Shan dominieren also die Prozesse der Auflagerung lößähnlicher, äolischer Sedimente. Der Gebirgskörper erscheint wie mit einem Schleier aus Feinsand und Staub verhüllt (s. Abb. 40). Die Mächtigkeit der äolischen Sedimente beträgt bis zu 80 m. Im Prinzip kann eine konzentrische, zentral-periphere Veränderung der aktuellen morphologischen Landschaftstypen in der Takelamagan und den sie umrahmenden Gebirgen festgestellt werden (vgl. Abb. 35). Dagegen wirkt das Gefügemuster des Reliefs in der Badanjilin wie ein regelloses Mosaik.

Als vorzeitliche Landschaftstypen sind im Gebiet der Badanjilin, außer dem Nordsaum, wie an der Peripherie der Takelamagan die Pedimente durch Sandschwemmebenen überformt worden. Daher ist die heutige Ausdehnung der Pedimente in diesem Bereich viel kleiner als sie ursprünglich war. Im Randbereich der Takelamagan sind überdies große glazifluviatile Schotterkegel und Moränenfelder als Vorzeitformen zu erkennen. Vorzeitliche mächtige Moränenreste treten im Gebirgsvorland des Kunlun-Shan zutage (vgl. Abb. 42). In Höhen zwischen 3 000 und 4 000 m ü. M. sind eiszeitliche Nivationsformen trotz der aktuellen periglazialen Umformung noch eindeutig erkennbar. Vorzeitliche Flußläufe in den Dünenfeldern heben sich durch niedrigere Dünenkomplexe von der Umgebung ab.

Um detailliertere Kenntnisse über aktuelle und vorzeitliche Prozesse zu gewinnen, wurden zahlreiche Sedimentproben entnommen und im Labor analysiert. Die Korngrößenparameter wurden nach FOLK & WARD (1957) berechnet. Die Kammsande aus der Takelamagan zeigen im Durchschnitt eine mittlere Korngröße von 0.136 mm (2.88 ϕ), eine Sortierung von 0.57 (ϕ) und eine Kurtosis von 1.10 (ϕ) (vgl. Tab. 16). Die Sande in der Badanjilin weisen nach den Kammsandproben im Durchschnitt eine mittlere Korngröße von 0.179 mm (2.48 ϕ), eine Sortierung von 0.46 (ϕ) und eine Kurtosis von 1.06 (ϕ) (vgl. Tab. 5) auf. Das heißt also, daß die Sande in der Badanjilin gröber als in der Takelamagan sind. Das Profil einer 70 m hohen Düne in der Takelamagan zeigt, daß von der Basis bis zum Gipfel einer Düne die mittlere Korngröße und die Sortierung zunimmt. In der Takelamagan werden die äolischen Sedimente von der Dünenregion bis zum löß- und sandbedeckten Hügelland feiner. Innerhalb des Dünenbereiches nimmt die mittlere Korngröße von Norden nach Süden allmählich ab. Die Höhe der Dünen kompliziert zwar den Sachverhalt erheblich, wenn man jedoch nur die Dünen gleicher Höhe betrachtet, wird die Abnahme der mittleren Korngröße von Norden nach Süden anschaulich (vgl. Abb. 46). Diese regelhafte Veränderung der Textur entspricht den Windverhältnissen. Werden nur die Korngrößen der Kammsande berücksichtigt, so zeigt sich in der Badanjilin eine nach Nordwesten zunehmende Tendenz zu feinkörnigeren Sanden. Diese Tendenz läßt sich sowohl auf die sommerlichen Südost-Monsunwinde als auch auf verschiedene Sandquellen zurückführen.

Sandproben beider Wüsten wurden auf ihre Schwermineralien untersucht, um die Frage der Liefergebiete der Sande zu klären. Alle Proben aus der Badanjilin haben nur geringe Schwermineralgehalte (vgl. Tab. 6 & Abb. 22). Der höchste Wert des Schwermineralanteiles der Sande liegt in der Badanjilin bei 3.42 %. Dagegen ist der Schwermineralgehalt in der Takelamagan wesentlich höher (vgl. Tab. 17 & Abb. 47): 6.68 - 17.52 %. Die Sande der Badanjilin lassen sich von denen der Takelamagan auch hinsichtlich der Schwermineralzusammensetzung unterscheiden. Beispielsweise hat Hornblende einen hohen Anteil an den Proben der Takelamagan: 25.41 - 46.11 % (meistens > 35 %). Ein Wert von 9.92 - 33.71 % (meistens < 20 %) ist für die Badanjilin charakteristisch. Der Epidotanteil an den gesamten Schwermineralien beträgt 22.54 - 46.15 % (meistens > 35 %) in der Badanjilin und 16.77 - 36.65 % (meistens < 30 %) in der Takelamagan. Der generelle Unterschied zwischen den beiden Wüsten in Bezug auf die Schwermineralienzusammensetzung besteht darin, daß die instabilen Mineralien über 40 % in der Takelamagan und weniger als 26.15 % in der Badanjilin ausmachen. Andererseits haben die stabilen Mineralien einen Anteil von 5.59 - 16.77 % im Dünenbereich der Takelamagan und 27.13 - 50.66 % bei den Proben der Badanjilin. Sehr stabile Mineralien haben in der Badanjilin (1.32 - 4.19 %) eine größere Bedeutung als in der Takelamagan (Maximum 1.81 %).

Im Spektrum der Schwermineralien der Takelamagan-Sande überwiegen Hornblende, Epidot und Glimmer. Das entspricht dem Mineralbestand der proterozoischen Quarzite, Phyllite, Gneise und Schiefer am Oberlauf sowie der ordovizischen und silurischen Sandschiefer östlich des Keriya-He. Aufgrund dessen kann davon ausgegangen werden, daß die Sedimente im Bereich des Keriya-He vorwiegend aus dem Kunlun-Shan stammen. Durch fluviale Prozesse werden die Materialien vom Kunlun-Shan in den Mittel- und Unterlauf des Keriya-He transportiert und abgelagert. Von diesen jüngeren Ablagerungen stammen die Wüstensande ab. Die Proben aus der Badanjilin dagegen zeigen ein so unterschiedliches Spektrum (s. Abb. 22), daß die Sande aus mehreren Lieferquellen stammen müssen.

Die Untersuchungen mit dem Elektronenmikroskop zeigen, daß die mechanisch herausgearbeiteten Strukturen die wichtigsten Formen bei der Gestaltung der Quarzkornoberflächen in beiden untersuchten Wüsten sind. Die mechanischen Strukturen werden überwiegend durch Mattierung (Abb. 23 & Abb. 48), tellerartige und barchanartige Gruben (Abb. 24 & Abb. 51) repräsentiert. Diese Formen sind Schlagspuren. Dies deutet darauf hin, daß die Sande hauptsächlich durch Windtransport bearbeitet worden sind. Tröge (Abb. 50) treten ebenfalls gelegentlich auf. Muschelige Brüche (Abb. 51) und V-förmige Einkerbungen (Abb. 51) kommen auch vor. Muschelige Brüche sind zwar ebenfalls Zeugnisse mechanischer Beanspruchungen, entstammen aber meist nicht dem äolischen, sondern dem glazialen Milieu. Außerdem sind chemische und chemisch - mechanische Strukturen vorhanden. Chemische Strukturen sind Plättchen aus Kieselsäure (Abb. 25 & Abb. 52) und Lösungsstrukturen (Abb. 53) auf der Oberfläche der Quarzkörner. Die durch kombinierte mechanische und chemische Vorgänge verursachten Strukturen sind durch Lamellierung (Abb. 54) gekennzeichnet. Die statistische Auswertung zeigt, daß Unterschiede zwischen der Badanjilin und der Takelamagan hinsichtlich der Mikrostrukturen existieren. Die Takelamagan-Sande haben noch deutliche Spuren der früheren glazialen Prozesse (muschelige Brüche). Dagegen weisen die Badanjilin-Sande praktisch keine solche Erscheinungen auf. Dies ist wahrscheinlich damit zu erklären, daß die Badanjilin-Sande überwiegend aus den Seesedimenten und den Uferwällen stammen. Andererseits sind die Takelamagan-Sande hauptsächlich aus dem Kunlun-Shan und dem Tian-Shan gekommen, wo die Materialien glazialen Bedingungen ausgesetzt waren.

Generell ist die Kornzurundung der Badanjilin-Sande (Abb. 26) besser als die der Takelamagan-Sande (Abb. 55). Dies ist möglicherweise darauf zurückzuführen, daß die Sandmasse der Takelamagan größer ist als die der Badanjilin. Deswegen setzen sich die einzelnen Sandkörner in der Badanjilin häufiger als in der Takelamagan in Bewegung. Die unterschiedliche Kornzurundung beider Wüsten ist auch durch die unterschiedliche Sandzufuhr beeinflußt. Zum Teil sind die Dünensande der Takelamagan relativ frisch vom Flußbett ins Dünengebiet transportiert worden, haben also erst kurze Zeit der Windformung unterlegen.

Nach den in dieser Arbeit vorgelegten Befunden reagierte die Badanjilin auf Klimaschwankungen empfindlicher als die Takelamagan (vgl. Abb. 61). In der Badanjilin treten häufig kalkverbackene Wurzeln auf. Nach Datierungen (Uran-Thorium Isotopenanalysen und ^{14}C-Analysen) entstanden die Wurzelröhren in den Zeiten um 207 000 ± 10 000 Jahre v. h., 31 750 ± 485 Jahre v. h., 19 100 ± 770 Jahre v. h., 9 435 ± 345 Jahre v. h. und 2 070 ± 100 Jahre v. h. In den hier genannten Perioden war das Klima in der Badanjilin sicherlich feuchter als heute; die kalkverbackenen Wurzeln können als Nachweis für eine Vegetationsbedeckung der Dünen angesehen werden. Die bisher gefundenen Hinweise auf feuchtere Klimabedingungen in der Takelamagan beschränken sich auf die Schwemmfächer des Randbereiches und die Flußterrassen. Nach den Kalkverkrustungen der höchsten Terrasse zu schließen, muß der Niederschlag vor 28 000 Jahren (^{14}C-Datierung) wesentlich höher als heute gewesen sein. Nach historischen Literaturangaben war das Klima um Christi Geburt, im 16. Jahrhundert und Anfang des 19. Jahrhunderts ebenfalls feuchter. Wertet man alle Literaturquellen und

Karten aus, so ergibt sich, daß der Keriya-He um Christi Geburt die Takelamagan Wüste durchquerte und in den Tarim-He mündete. Solche Verhältnisse waren im 16. Jahrhundert und Anfang des 19. Jahrhunderts wieder gegeben. Dazwischen scheint der Keriya-He - wie heute - den Tarim-He nicht erreicht zu haben.

Vergleiche mit anderen chinesischen Wüsten zeigen, daß die Sande aus dem Bereich des Keriya-He (Takelamagan) am feinsten sind. Generell sind darüber hinaus die Wüstensande im Bereich der Wendekreise gröber als die Sande in den chinesischen Kontinentalwüsten. Das entspricht dem Unterschied zwischen warmen und kalten Wüsten. Die chinesischen Wüsten stehen als kalte Wüsten den warmen afrikanischen Wüsten gegenüber. Zum Vergleich: Die Kammsande in der algerischen Sahara haben im Durchschnitt einen mittleren Durchmesser von 0.251 mm (BESLER 1984a). Nach HAGEDORN (1990) bestehen die Barchansande bei Faya im Tschad fast ausschließlich aus Quarz, wobei Korngrößen über 0.2 mm mehr als die Hälfte der Gesamtmenge ausmachen. Der Siltanteil ist mit weniger als 0.1 % ohne Bedeutung. Die Dünen-Namib weist im Durchschnitt eine mittlere Korngröße von 0.225 mm auf (BESLER 1980). Die Sande der Rub'al Khālī im Bereich der Vereinigten Arabischen Emirate zeigen nach BESLER (1982) eine durchschnittliche mittlere Korngröße von 0.177 mm. Das erlaubt die Schlußfolgerung, daß die Korngröße der Sande weitgehend vom stärkeren oder schwächeren (oder sogar fehlenden) Frosteinfluß abhängig ist: Sandkörner werden durch Frost gespalten.

Die Schwermineralanalyse zeigt, daß der Schwermineralgehalt in den chinesischen Wüstensanden insgesamt von Westen nach Osten abnimmt. Überwiegend haben mäßig stabile bis instabile Mineralien den größten Anteil an der Schwermineralienzusammensetzung der Takelamagan und der Badanjilin. Die prozentualen Anteile der instabilen und mäßig stabilen Mineralien nehmen innerhalb des chinesischen Wüstenbereiches auch von Westen nach Osten ab. Dies kann so interpretiert werden, daß die chemische Verwitterung innerhalb Chinas von Westen nach Osten intensiver wird. Der Grund dafür liegt in den hygrischen Bedingungen, den Niederschlagsverhältnissen: die Niederschläge nehmen von Osten nach Westen ab. Es ist auch festzustellen, daß der Schwermineraliengehalt der Sande in den chinesischen Wüsten höher ist als in den Wüsten um die Wendekreise. Hinsichtlich der Schwermineralzusammensetzung unterscheiden sich die chinesischen Wüstensande eindeutig von Dünensanden in Nordafrika. In Dünengebieten des Niger sind leicht verwitterbare Minerale nur in geringer Anzahl vorhanden, Hornblenden und Granate fehlen völlig; in allen Proben dominiert Zirkon (sehr stabil) über abnehmende Gehalte an Turmalin (sehr stabil), Rutil (sehr stabil), Anatas (sehr stabil), Staurolith (stabil) und Epidot (mäßig stabil) (VÖLKEL 1987). Das entspricht der Intensivierung der Verwitterung bei höheren Temperaturen.

Die Kornzurundung und die Oberflächenmikrostrukturen der Sande verändern sich von Wüste zu Wüste. Die Untersuchung von COQUE & GENTELLE (1991) zeigt, daß die Sande aus der Sahara stark gerundet sind und viele Windspuren aufweisen. Hinsichtlich der Oberflächenstrukturen und der Rundung ähneln die Sande der Badanjilin den Sanden der Sahara. Dies ist damit zu begründen, daß die Kornzurundung von Art und Dauer der Morphodynamik abhängt. Durch Windbearbeitung können die Sandkörner in allen Wüsten zugerundet und mattiert werden. Daher ist anzunehmen, daß es keine grundsätzlichen Unterschiede zwischen den kalten und warmen Wüsten in Bezug auf Kornzurundung und Oberflächenmikrostrukturen der Sande gibt. In den Unterschieden, die in dieser Beziehung zwischen den einzelnen Wüsten auftreten, dürfte die individuelle Geschichte der Wüsten und ihrer Sande zum Ausdruck kommen.

6 Summary

The above work examines the geomorphological characteristics of the arid regions in northwest China. Detailed analysis has been limited to the Badanjilin and Takelamagan deserts (see Abb.[16] 1). The Badanjilin, bordered on the south and east by the Beida-Shan and the Yabulai-Shan, lies in the Alashan highlands between $39^0 20'$ and 42^0 north latitude, and between the east longitude of $99^0 48'$ and $104^0 14'$ (Comparison Abb. 4), covering a surface of 44,300 km^2. On the other hand, the Takelamagan lies in the center of the Tarim basin, between $36^0 30'$ N and $41^0 45'$ N latitude and $70^0 20'$ E and 90^0 E longitude (Comparison Abb. 29). The Tarim basin is in an area between the Tian-Shan in the north and the Kunlun-Shan in the south, it has developed in the highlands of Pamir in the west. It borders on the ancient lake bed of Lop-Nuer in the east as well. The Takelamagan covers a surface of approximately 337,000 km^2 and both deserts lie at an altitude between 900 and 1,500 m above see level.

The areas examined are characterized by a markedly arid climate. During the winter months both deserts lie, as all of NW China, under the influence of an extremely developed high pressure system over mid-Siberia and Mongolia. Through this system, both deserts undergo the effect of continental - dry and cold - polar air masses (see Abb. 2). In the summer months, the Badanjilin is affected by tropical air masses from the Pacific, while air masses in the Takelamagan develop into anticyclones in the eastern sector and cyclones in the western sector (see Abb. 31). The average annual precipitation, as a result of such air masses, is between 40 and 100 mm in the Badanjilin (Comparison Tab. 2), and 14 and 70 mm in the Takelamagan (see Tab. 10). In the Badanjilin the precipitation decreases from the southeast to the northwest, whereas in the Tarim basin it decreases from the outer areas to the center. Generally, the yearly average temperature in the Takelamagan is higher than that in the Badanjilin. Weather stations on the edge of the Badanjilin show annual temperature averages of 6.8 - 8.5 ^{0}C (see Tab. 3), whereas almost all weather stations on the edge of the Takelamagan show averages of over 10 ^{0}C (see Tab. 14). The difference in the average temperature is caused by the higher temperature of the Takelamagan during the summer months.

Field observations, air photos and satellite pictures show that the aerodynamic relief and desert plains (as defined by HÖVERMANN 1985) are the predominant types of geomorphological landscapes in both areas. The aerodynamic relief, distinguished

---

[16] Abb. = fig.

by wind-carved surface forms, is represented predominantly by the dune fields. In the Badanjilin, the dunes may reach a height of 200 - 300 m, even over 500 m in places (see Abb. 9). Between the dunes of Badanjilin there are lakes which are 0.5 - 1 km^2 large. They are permanent, as opposed to those which exist only in the rainy seasons, a phenomenon commonly seen in arid regions, and indicate the depth of the ground water. The plant composition changes with distance from the lake. In different position of every large dune, the colour and the degree of consolidation are variable. This represents the old overlying land surface and shows that the dunes of Badanjilin have undergone different formative phases. As can be seen through the remaining hard rock surface within the dune (see Abb. 11), the present dune fields cover a former relief of steep but low lying mountains. The dunes of the Tarim basin, in comparison, spread to the outer edges (see Abb. 36), and the dunes within the main dune fields may reach a height of 100 m. Similar to the Badanjilin, the vegetation composition on the river shores reflects the variation of the depth of the ground water levels in relation to the altitude of each terrace (see Abb. 37).

On the edge of the dune fields in the investigated areas there are sand and gravel desert plains which extend for approximately a thousand km^2. The relief along the eastern edge of the Badanjilin is a nearly perfect example of a desert plain. In the Takelamagan the sands lay mostly in a relatively thin layer above the gravel and pebbles. In this case, the beginning stages of the formation of the present desert plain development, the shape of the large alluvial fans is generally recognizable, which were originally structured by the gullies that are now filled by sand. The rivers that originate from the Kunlun-Shan and are fed mainly by snow and glacial melt, cross through the foot hills of the Kunlun-Shan and partly through the desert plains. The desert gorges here must be seen as foreign formations and are absent in the Badanjilin. The reason for this is that the Badanjilin lies on a plateau and is not crossed by any river.

In the low sections of both desert areas there are ancient lake beds which are undergoing strong deflation today. Two types of such lake beds in the Badanjilin can be distinguished through the degree of covering vegetation and surface material: (a) a sector of historical lake surface sinkage (from approximately 400 years, see Abb. 16); (b) a sector of prehistoric lake surface sinkage (postglacial ? see Abb. 18). The same goes for many sections of the Takelamagan, which are classified as ancient lake beds, the main one is Lop-Nuer. In the present area of disappearance of the Keriya-He there is a thin layer of lake sediment that developed in occasionally occuring lakes and flooded areas. Due to deflation Yardangs have been made in the old lake beds.

Regarding the geomorphological structural patterns, there are differences within the arid regions of NW China. On the north edge of the Badanjilin there are (ancient) pediments (as defined by HÖVERMANN 1985) which have remained unchanged. This does not occur in the Takelamagan. In the Takelamagan single mountains rise only slightly above the dune fields. In the Badanjilin, on the other hand, the Yabulai-Shan mountain rises from 1,600 to 2,200 m above see level. Here the wind-drifting sands are transported by the northwest winds from the dune fields over the desert plains to the crest of the Yabulai-Shan, where in low areas the sand forms small dunes as well (see Abb. 20). In comparison, the southeastern side of the Yabulai-Shan shows distinguished fluvial formation. In the granite of the Yabulai-Shan tafoni formations are found (see Abb. 27), which suggest different explanations for this occurrence. A clear influence of the desert on the northern mountain range can not be recognized. In the surrounding mountains of the Takelamagan, there are two distinguished regions, first, the loess and sand covering hilly areas with desert gorges and secondly, the alpine highlands (the high mountainous regions). In the outer sections of the Kunlun-Shan the process of loesslike and aeolian sediment deposition dominates; the mountains seem to be covered with a veil of fine sand and dust (see Abb. 40) and the thickness of the aeolian sediment reaches a level of up to 80 m. A concentrated circular peripheral change of the present morphological landscape in the Takelamagan and the surrounding mountains can be observed as well (comparison Abb. 35); while, on the other hand, the structural patterns of the reliefs in the Badanjilin work as an uneven mosaic.

In the Badanjilin (except the north edge), like on the periphery of the Takelamagan, the pediments, as the prehistoric types of landscape, are transformed through the desert plains. The present extension of pediment in these sections is much smaller than originally existed. Moreover, in the outer areas of the Takelamagan the glaziofluviatil gravel cone and moraine fields are recognizable as prehistoric forms. Thick, old residual moraines are shown in the foreland of the Kunlun-Shan (comparison Abb. 42). In altitudes between 3,000 and 4,000 m the forms of nivation which existed during the ice age are, despite current periglacial transformations, still clearly recognizable as well; and the prehistoric river flows in the dune fields are contrasted through the lower dune complexes to the surrounding areas.

In order to acquire detailed knowledge of modern and ancient processes, numerous sediment samples have been taken and analyzed in laboratories. The grain size parameters were calculated according to FOLK & WARD (1957). They show that the sands of dune crests from the Takelamagan have on the average a mean grain size of 0.136 mm (2.88 ϕ), a sorting value of 0.57 (ϕ) and a kurtosis of 1.10 (ϕ) (comparison Tab. 16). The crest sands of the Badanjilin show on average a mean grain size of 0.179 mm (2.48 ϕ), a sorting value of 0.46 (ϕ) and a kurtosis of 1.06 (ϕ) (comparison Tab. 5). These statistics mean that the sands of the Badanjilin are more coarse than those of the Takelamagan. The profile of a 70 m high dune in the Takelamagan shows that from the base to the peak of the dune the mean grain size and sorting increase. In the Takelamagan, the aeolian sediments from the dune fields to the loess and sand covered areas become finer, also, within the dune areas the average grain size decreases gradually from north to south. The height of the dune complexes complicates the factual situation considerably, when one looks at dunes of comparable heights, the decrease of average grain size from north to south is clear (comparison Abb. 46). This regular change of texture corresponds to the wind conditions. Taking just the grain size of the crest sands into consideration, the Badanjilin presents a northwesterly increasing tendency of fine grained sand. This tendency is due to not only the summer southeasterly monsoon but also to different sand sources.

Sand samples of both deserts were examined for heavy minerals in order to answer the question of delivery areas of the sands. All samples from the Badanjilin have only slight heavy mineral content (comparison Tab. 4 & Abb. 22). The highest amount of heavy mineral content in the Badanjilin sands is 3.42 %. Comparatively the heavy mineral content in the Takelamagan is somewhat higher (comparison Tab. 17 & Abb. 47): 6.68 - 17.52 %. The sands of the Badanjilin are also different from those of Takelamagan in regard to heavy mineral composition. For example, hornblende has a high portion in the samples taken from the Takelamagan: 25.41 - 46.11 % (mostly > 35 %), whereas an amount from 9.92 - 33.71 % (mostly < 20 %) is characteristic of the Badanjilin. The epidote percentage portion of total heavy minerals is between 22.54 - 46.15 % (mostly > 35 %) in the Badanjilin and 16.77 - 36.65 % (mostly < 30 %) in the Takelamagan. The general difference between the two deserts regarding heavy mineral composition is that the unstable minerals amount to over 40 % in the Takelamagan, whereas they amount to less than 26.15 % in the Badanjilin. On the other hand, in the dune areas of the Takelamagan the stable minerals percentage lies between 5.59 - 16.77 % and samples from the Badanjilin show percentage from 27.13 - 50.66 %. Very stable minerals range from 1.32 - 4.19 % in the Badanjilin, a more significant amount than that in the Takelamagan (maximum: 1.81 %).

In the spectrum of heavy minerals of the Takelamagan sands, hornblende, epidote and mica predominate. This complies with minerals of the Proterzoic quarzite, phyllite, gneiss, slate and schist in the upper course, and the Ordovician and Silurian sandy slate and schist east of the Keriya-He. Through the fluviale process the materials from the Kunlun-Shan in the middle and lower course of the river are transported and deposited. From these new deposits, the desert sands originate. Samples from the Badanjilin in comparison, show such a differentiating spectrum (see Abb. 22) that the sands must have different origins.

Examinations with an electron microscope show that the aeolian mechanical structures are mainly formed during the configuration of the quartz grain surface in both deserts. The physical mechanical structures are predominantly represented by matt surface (see Abb. 23 & Abb. 48), dish- and crescent-shaped concavities (see Abb. 24 & Abb. 51). These forms are traces of percussion, which indicates that the sands have been exposed to high wind. Troughs (see Abb. 50) appear occasionally as well and there are also conchoidal fractures (see Abb. 51) and v-shaped notches (Abb. 51). Conchoidal fractures are certification of physical formed traces, but most of these do not derive from the aeolian, rather from the glacial environment. Besides this, chemical and chemical - aeolian mechanical structures exist. Chemical structures are small plates of silica (Abb. 25 & Abb. 52) and solvent structures (Abb. 53) on the surface of the quartz grains. These structures, which are caused by combined aeolian mechanical and chemical processes, are characterized through upterned plates (Abb. 54). The statistical evaluation shows that differences exist between the Badanjilin and the Takelamagan regarding microstructures. The Takelamagan sands still have clear traces of earlier glacial process (conchoidal fractures). On the other hand, the sands of the Badanjilin have practically no such appearances. This is probably due to the fact that the Badanjilin sands predominantly come from lake sediments and river banks of the surrounding areas; while, the Takelamagan sands come from the Kunlun-Shan and the Tian-Shan where the materials have undergone glacial environments.

Generally the sand grains in the Badanjilin (Abb. 26) are rounder than those of the Takelamagan (Abb. 55). This is most probably due to the greater sand mass of the Takelamagan. Therefore, the single sand grains of the Badanjilin are more subject to movement than those in the Takelamagan. The different grain roundness of both deserts also has to do with the difference in the supplies of the sands. The dune sands of the Takelamagan are partly transported relatively fresh from the river bed to the dune area, and therefore have undergone only a short period of time under the influence of wind formation.

As the findings in this work have presented, the Badanjilin reacts more sensitively to climate fluctuations than the Takelamagan (comprison Abb. 60). In the Badanjilin roots consolidated by calcareous materials frequently appear. Datings (uranium - thorium isotopic analysis and ^{14}C - analysis) place the tubes of roots in the time around 207,000 ± 10,000 years b. p., 31,750 ± 485 years b. p., 19,100 ± 770 years b. p., 9,435 ± 345 years b. p. and 2,070 ± 100 years b. p. The climate in the Badanjilin during these periods was certainly moister than it is today and the consolidated roots by calcareous materials can be viewed as proof that vegetation had covered the dunes at one time. Up to date indications, which show moister climate conditions in the Takelamagan, are restricted to the alluvial fans of the marginal areas and the river terraces. From the point of the calcareous crustifications on the highest terraces of the Keriya-He one can say that the precipitation in the Takelamagan was much higher 28 000 years ago (^{14}C-dating) than it is today. The information from historical literature shows that the climate around the birth of Christ, the 16th century and at the beginning of the 19th century was moister as well. The evaluation of historical literature and maps also shows that the Keriya-He crossed the Takelamagan desert and flowed into the Tarim-He around the birth of Christ. Such conditions occured around the 16th century and the beginning of the 19th century as well. Since then, as it does today, it appears that the Keriya-He does not reach all the way to the Tarim-He and disappears in the middle of the desert.

Comparisons with other Chinese deserts reveal that the sands from the Keriya-He region (Takelamagan) are the finest. In relation to this, the desert sands of the tropic areas are generally coarser than those in the Chinese continental deserts. This is in compliance with the difference between warm and cold deserts. The deserts of China are cold deserts, opposed to the warm deserts of Africa. To compare: The crest sands in the Algerian Sahara on the average have a mean diameter of 0.251 mm (BESLER 1984a). According to HAGEDORN (1990) the sands of the Barchan dunes in the Faya of Chad are composed almost entirely of quartz, where the sands, in which the grain diameter amounts over 0.2 mm, are more than a half of the entire grains; the percentage portion of silt comes to an insignificant less than 0.1 %. The dunes of Namib show an average of mean grain size of 0.225 mm (BESLER 1980). The sands of the Rub'al Khālī in the area of the United Arab Emirates have an average grain size of 0.177 mm (BESLER 1982). Thus, the conclusion can be made that the grain size of sands extensively depends on strong or weak (or even absent) frost exposure, because sand grains are split in condition of frost.

Analysis of heavy minerals reveals that the heavy mineral content of the Chinese desert sands decreases from west to east. The Badanjilin and the Takelamagan have predominantly a moderately stable to unstable mineral percentage in regard to heavy mineral composition. The percentage distribution of the unstable and moderately stable minerals decreases within the desert areas of China from west to east as well. Thus it can be interpreted that the chemical weathering within China intensifies from west to east. The reason for this lies in the hygrological conditions, the ratio of precipitation: precipitation increases from west to east. It is also discovered that the heavy mineral content of sands in the Chinese deserts is higher than that of the tropic desert sands. Regarding heavy mineral composition, the Chinese dune sands differ significantly from those in North Africa as well. In the dune regions of Niger, easily weathered minerals only exist in slight numbers: hornblende and garnet are totally absent; while in all samples zircon (very stable) dominates over a gradually decreased content of tourmaline (very stable), rutile (very stable), anatase (very stable), staurolite (very stable) and epidote (moderately stable) (VÖLKEL 1987). This displays that the weathering intensifies under higher temperatures.

The grain roundness and surface microstructure of sands change from desert to desert. The investigation made by COQUE & GENTELLE (1991) shows that sands from Sahara are extremely rounded and have traces of wind activity. Regarding surface structure and roundness, the sands of the Badanjilin resemble the sands of the Sahara. The reason is that the roundness of grain depends upon kind and length of morphodynamics. Through wind activity the sands in every desert can be rounded and dulled. Therefore it is assumed that no basic difference between cold and warm deserts in the grain roundness and surface microstructure exists. Thus, the differences which appear in this sense between each of these deserts express the individual history of each desert and its sands.

7 Résumé

Un relief aérodynamique, des pédiments et des plaines sableux désertiques (dans le sens de HÖVERMANN 1985) ainsi que des fonds de lacs anciens et des montagnes sont des types de paysages morphologiques qui se font remarquer dans la région de la Badanjilin. Dans le bassin de Tarim et dans les montagnes qui l'entourent, on peut constater un changement concentrique, du centre à la périphérie des types de paysages morphologiques actuels (un relief aérodynamique, des plaines sableux désertiques, un pays de collines couvert de lœss et de sable ainsi que des zones d'altitude dominées par les procéses a. du gel et dégel, b. de la neige et c. des glaciers). Des grandes dunes aux formes différentes sont des éléments qui dominent dans la zone du relief aérodynamique de la Badanjilin et de la Takelamagan. Entre les dunes de la Badanjilin, il y a des lacs d'une superficie de 0.5 - 1 km^2. On peut constater un changement concentrique de la composition des plantes, à cause de la disponibilité variable des eaux souterraines dans la zone du rivage de ces lacs. Le changement de la composition de la végétation et de la morphodynamique de la zone du rivage des rivières de la Takelamagan est similaire à celui du Badanjilin.

De nombreux échantillons de sédiment, prélevés au terrain, ont été annalysés au laboratoire. La granulométrie est calculée d'après FOLK et WARD (1957). Les grains de sable de la crête des dunes, tirées considération seulement, on remarque dans la Badanjilin une tendance d'enrichissement des sables aux grains plus fins vers le nord - ouest. Cette tendance s'explique par une provenance différente des sables. D'autre part, la grosseur moyenne des grains ainsi que le classement augmentent de la base jusqu'au sommet sur les dunes de la Takelamagan. La texture des sables dans la région du Keriya-He, devient de plus en plus fine de la région des dunes jusqu'aux collines et montagnes couvertes de lœss et de sable. A l'intérieur de la zone des dunes on constate aussi que la grosseur moyenne des grains décroit peu à peu de Daheyan à Yütian. Les sables sont plus gros dans la Badanjilin que dans la Takelamagan. Pourtant, les sables les plus fins de tous les déserts chinois se trouvent dans la région de Keriya-He (Takelamagan).

L'analyse des minéraux lourds montre une prédominance des minéraux moyennement stables à instables qui constituent la plus grande part de la composition des minéraux lourds dans les deux déserts. Il faut quand même noter que le pourcentage des minéraux lourds instables et moyennement stables est plus elévé dans la Takelamagan que dans la Badanjilin. Pour les déserts chinois on peut dire que la teneur en minéraux lourds des sables décroit d'ouest vers l'est; cela est aussi valable pour les pourcentages des minéraux instables et moyennement stables. L'explication pour cela est donné par les conditions hydrologiques. Sur la base des résultats des analyses des minéraux lourds, on peut constater que les sables de la Badanjilin sont de provenances différentes et qu'en outre les sédiments de la région de Keriya-He sont venus pour la plus part du Kunlun-Shan.

Les études avec le microscope électronique prouvent que les structures qui se sont formées d'une manière mécanique sont les formes les plus importantes quant à la figuration des surfaces des grains de quartz dans les deux déserts.

L'alternance des effets de l'eau et du vent a crée le mouvement circulaire des matériaux dans la zone de Keriya-He. La conclusion que les dunes du Badanjilin ont été couvertes de végétation est fournie par des racines calcifiées. Des échantillons de ces racines datent (UT) de 207 000 ans ($\pm$ 10 000 ans), d'autres datent (^{14}C) de 31 750 ans ($\pm$ 485 ans), de 19 100 ans ($\pm$ 770 ans), de 9 435 ans ($\pm$ 345 ans) et 2 070 ans ($\pm$ 100 ans). Considérant une incrustation calcaire sur la terrasse la plus haute du Keriya-He (Takelamagan), on peut supposer que les précipitations étaient becaucoup plus importantes il y a 28 000 ans comparées à celles d'aujourd'hui (5 fois plus hautes). Selon des passages de littérature historique, le climat dans la région de Keriya-He (Takelamagan) était également plus humide à la naissance de Jésus-Christ, au 16eme siècle et au début du 19eme siècle.

内容提要

中国西北干旱区地貌景观类型以及成因和演变过程
（以巴丹吉林沙漠及塔克拉玛干沙漠为重点研究区）

杨小平

本书主要依据气候地貌学原理研究了我国西北干旱地区的景观类型，并以巴丹吉林沙漠和塔克拉玛干沙漠、以及与其相邻的山地为重点研究区。全书共分为五章：一、导言及目的；二、巴丹吉林地区；三、塔克拉玛干地区；四、两个地区的异同及其与其他沙漠的比较；五、结语。第二章与第三章皆包括有自然概况、地貌景观类型、沉积物分析和分析结果的地理意义的讨论等四节。第四章分为风成形态的物质成份、地貌形成过程与区域差异两节。

本项研究的实地考察工作是在中德首次昆仑山-塔克拉玛干沙漠合作考察（1986年）与中德首次祁连山-巴丹吉林沙漠合作考察（1988年）时完成的。两次合作均由中国科学院兰州沙漠研究所与德国格廷根大学、柏林自由大学、科隆大学联合组织；考察队队长为朱震达研究员和柏林的叶克尔（D. JAEKEL）教授。本文作者对地貌景观类型的划分采用德国现代地貌学家霍夫曼（J. HOEVERMANN）教授所提出的气候地貌系统。

近数十年来，气候地貌学在世界各地都有不同程度的发展，德国霍夫曼教授总结研究了毛滕生（H. MORTENSEN）、布德（J. BUEDEL）等著名学者的成果，并以北非地貌研究为基础，于1985年正式提出了他的气候地貌体系。该体系把气候作为地貌形成与发展的主营力，它将干旱地区的地貌景观类型划分为风营力地貌、荒漠平原、荒漠沟谷及准平原。风营力地貌完全是由风力作用所形成，该类型区的多年平均降雨量一般低于30毫米。荒漠平原是水和风两种不同营力在其作用强度相等的情况下形成的，由临时降雨所形成的沟谷很快就被风沙填平；而风所塑造的小沙丘又会在洪水到来时被冲平，因而该区永远保持着平坦的地势，其多年平均降雨量为20-60毫米。荒漠沟谷区则是由流水起主导作用形成的，该类型区的雨量界限为50-150毫米。该地区在暴雨期地表动力过程为沟谷下切侵蚀，坡面过程几乎不存在；在无雨时地貌动力过程处于休止状态。准平原是指山前扇状或锥状形态的地形，其上具有明显的放射状水网，它形成于多年平均降雨量150-350毫米、冬季寒冷的地区。寒冻风化使山前物质松散，流水不断将此物质迁移搬运，这样准平原形成一种倾斜状态。这里既包括了形成于基岩之上的剥蚀地貌单元，也包括了山前富有沉积物的堆积地貌单元。

实地考察、航空像片及卫星像片的判读结果表明，风营力地形和荒漠平原是所研究的两地区的主要地貌景观类型。以风成地表形态为标志的风营力地貌在此主要是指沙丘。在巴丹吉林沙漠地区，沙丘相对高度一般为200-300米，有的甚至高达500米。有的沙丘之间分布着约0.5至1平方公里大小的常年性湖泊，湖水面既标志着地下水的水位，湖沿岸的植被组合因地下水位差异而呈现环状分布特征。在大沙丘表面的不同部位，它的颜色、胶结程度往往不同，这表明沙丘的发育经过了不同阶段。古老的沙丘形貌也隐约可辨识出来。根据对沙坡面所出露的基岩的推断，现代沙丘覆盖了古老的有陡峭山峰的地形。在塔里木盆地，复合沙丘一直延伸到盆地边缘地区。沙丘高度常达100米。与巴丹吉林地区类似，它的植物群落在河流两岸阶地上随地下水位变化而呈现规律性分布。

在考察中发现，风营力地形的边缘存在着规模大小不同的荒漠平原，最典型的例子是分布在巴丹吉林沙漠东缘的荒漠平原。塔克拉玛干的荒漠平原尚处于发育的初期阶段，大多数情况下均由薄沙层覆盖于沙砾石之上，虽然分界沟谷已被风沙所填充，但大的洪积扇形态仍可辨认出来。发源于昆仑山的河流，水源补给主要为冰雪融水，河流横穿昆仑山的山前地带，有些也穿过荒漠平原，形成荒漠沟谷。但这类荒漠沟谷在巴丹吉林地区不存在，因为巴丹吉林沙漠位于阿拉善高原，未被河流横穿。

在两个沙漠的低洼地区分布着古湖盆地，这里目前风蚀过程很强烈。依据植被覆盖度及表面组成物质，可把巴丹吉林地区古湖盆分为两大类，即历史时期湖水消失地区（距今约400年）和史前期湖水消失地区（1万年前？）。同样塔克拉玛干的许多地区，尤其是罗布泊，也为古湖底。在目前克里雅河下游地区也有薄层湖相沉积物，这是由季节性湖泊所形成的。风蚀作用使雅丹地形在古湖底得以发展。

就地貌组合结构而言，在我国西北干旱区内也有区域性差异。在巴丹吉林的北部边缘，以前形成的准平原（依霍夫曼教授定义）仍然不变地存在着，而这类形态的地形在塔克拉玛干地区却不复存在。在塔克拉玛干地区的沙丘地带很少有基岩出露，但在巴丹吉林的大沙丘上却可找到基岩露头。沙粒在西北风的搬运下由沙丘地出发，经过了荒漠平原地带，最后到达雅布赖山山脊地区，在其低洼部位形成小沙丘。雅布赖山东南侧则主要为流水所形成的地貌形态。雅布赖山的花岗岩石上发育着蜂窝状的孔洞，前人曾认为属风蚀形成，但笔者认为，一方面是强烈的化学风化作用所致，另一方面也可能与岩石的脱盐过程有关。因为风也可以将盐湖里的盐搬运到岩石上，引起花岗岩盐分迁移。但巴丹吉林沙漠对其北部山脉的影响并不明显。环绕塔克拉玛干沙漠山脉的地貌景观形态可分为两种：①黄土及沙所覆盖的丘陵，其荒漠沟谷发育；②高山地区。在昆仑山的山前地带黄土状的风成物堆积起了主导作用，山脉被覆盖着一层厚的细沙与黄土，其厚度可达８０米。总之，在塔克拉玛干及其毗邻的山脉，现代地貌景观呈圈环状，而巴丹吉林地区的地貌组合模型却好似一个无规则的镶嵌拼图。

作为古地貌景观形态的准平原在巴丹吉林地区（除北部边缘外）以及塔克拉玛干沙漠的边缘地带都已演变成荒漠平原。因此考察区内现代准平原的范围比原来小许多。除此之外，在塔克拉玛干的边缘地区的古地貌还有由冰水所形成的砾石锥，冰石责物。巨厚的古冰石责物也出露于昆仑山的山前地带，在海拔３０００到４０００米之间，尽管现代冰缘过程对其进行了改造，但冰期时代所形成的雪蚀漏斗仍很清楚。沙丘区的古河床因其上低矮的沙丘体而明显有别于周围沙丘地区。

为了详细认识现代和古代地貌过程，在野外考察时采集了大量的样品，并在实验室对其进行了分析。沉积物颗粒大小依福克（FOLK）和沃德（WALD）公式计算。计算结果表明，塔克拉玛干沙漠沙丘丘顶沙样的平均粒径为０.１３６毫米（２.８８$\emptyset$），分选系数为０.５７（$\emptyset$），峰态系数为１.１０（$\emptyset$）（见表１６）。分析巴丹吉林沙漠沙丘丘顶沙样结果是：平均粒径为０.１７９毫米（２.４８$\emptyset$），分选系数为０.４６（$\emptyset$），峰态系数为１.０６（$\emptyset$）（见表５）。由此可见，巴丹吉林沙漠地区的沙粒比塔克拉玛干的粗。通过详细剖析塔克拉玛干沙漠７０米高的沙丘得知，平均粒径由沙丘低部到顶部逐渐增大，分选度变好。在塔克拉玛干风成沉积物从沙丘地到黄土及沙所覆盖的丘陵地带逐渐变细。即使在沙丘范围内，沙粒粒径从北到南逐渐减小。虽然沙丘的高度也影响沙粒平均粒径，但如果只比较相同高度的沙丘就会发现，沙粒径由北向南减少的趋势更为明显（见图46）。颗粒粒径的这种规律性变化反映了风的作用过程。若比较沙丘丘顶沙，在巴丹吉林沙漠沙丘上细粒成分的含量向西北方向增加。这种趋势一方面是因为夏季东南季风对其有所影响，另一方面也是因沙源不同所致。

为了探索沙漠地区巨量沙粒的来源，对两地区的沙样也进行了重矿物分析。在所有巴丹吉林的沙样中，重矿物的含量都较低，最高为3.42%，相比之下，塔克拉玛干沙样所含重矿物的比率就明显较高，介于6.68-17.52%之间。除此之外，在重矿物的组合上巴丹吉林沙也有别于塔克拉玛干的沙，例如，在塔克拉玛干地区，角闪石占重矿物的比为25.41-46.11%（大多数大于35%）；而在巴丹吉林沙样中，角闪石占重矿物的比为9.92-33.71%（大多数小于20%）。绿帘石在巴丹吉林沙样中含量较高，为22.54-46.15%（大多数高于35%），而它在塔克拉玛干的沙样中的含量却较低，只占16.77-36.65%（大多数低于30%）。在重矿物组合方面，两个沙漠的主要区别是不稳定矿物含量在塔克拉玛干沙样中超过40%，而在巴丹吉林沙样中却低于26.15%。稳定矿物的含量在塔克拉玛干沙样中为5.59-16.77%，在巴丹吉林沙样中却为27.13-50.66%。极稳定矿物在巴丹吉林沙中的含量（1.32-4.19%）也高于其在塔克拉玛干沙中的含量（其最大值为1.81%）。

角闪石、绿帘石及云母在塔克拉玛干克里雅河流域沙的重矿物组分中占重要比例。克里雅河上游地区的岩石主要为元古界石英岩、千枚岩、片麻岩、页岩、奥陶系及志留系沙页岩，这些岩石的重矿物组分特征类似于克里雅河流域沙物质的重矿物组分。由此可以认为，克里雅河流域的沉积物主要来自于昆仑山。流水将大量的物质从昆仑山搬运到克里雅河的中下游地区，这些新的沉积物则又是沙丘的物质来源。与之相反的是，巴丹吉林沙的重矿物组合极不一致，说明沙粒有多种不同的来源地。

利用电子显微镜观察表明，两个沙漠石英沙的表面都以机械作用所致的结构为主。这些机械结构主要表现为麻面结构、新月形及碟形坑。这些结构都是在打击碰撞条件下形成的。这也说明沙粒表面形态主要是在风力搬运过程中所形成。另外，槽沟、贝壳状断口及V形坑也存在。虽然贝壳状断口也是机械作用的标志，但大多数并非产生于风营力条件下，而是发生在冰川环境下。除此之外，所分析的沙粒上也有机械作用及化学作用混合而生成的结构。化学结构指石英沙粒表面的二氧化硅淀及溶蚀结构。由机械化学作用混合形成的结构是上翻解理片。统计数据表明，在石英沙表面微结构方面，巴丹吉林和塔克拉玛干沙漠也不同。塔克拉玛干的沙仍保留了原在冰川环境下所形成的痕迹（贝壳状断口），但类似的结构在巴丹吉林沙中却很难找到。这大概是因为，巴丹吉林沙漠的沙主要来源于湖泊沉积物及基岩风化物，而塔克拉玛干沙漠的沙主要起源于昆仑山和天山，物质在那里经受了冰川作用。

总的来看，巴丹吉林沙漠沙的磨圆度比塔克拉玛干沙漠沙的磨圆度高。对此或许可作这样的解释，沙粒量在塔克拉玛干地区比在巴丹吉林丰富，因而对单个颗粒而言，运动的机会在巴丹吉林要比在塔克拉玛干多。当然，不同的磨圆度也可在不同的物质来源方面寻找答案。塔克拉玛干地区部分沙丘的沙是刚被风力由河床搬运到沙丘上，所经历的风力改造作用很短。

根据在此项研究工作中所获得的资料可以认为，巴丹吉林沙漠要比塔克拉玛干沙漠对气候变化的反应敏感。在巴丹吉林沙漠的沙丘上可以发现由钙胶结的植物根系管。利用铀-钍同位素及碳14测年得知，这些植物根系管分别形成于距今207,000±10,000年、31,750±485年、19,100±770年、9,435±345年及2,070±100年前。在上述年代里，巴丹吉林沙漠的气候定比现今湿润，钙质胶结的根系证明，那时曾有植物生长。目前所发现的能反映塔克拉玛干沙漠较湿润一些的气候状况的证据仅局限于边缘地带的洪积冲积扇及河流阶地。在克里雅河的高阶地上有钙结核，碳14测年知其大约形成于距今28,000年前，那时的年降雨量要比如今高5倍左右。分析历史文献资料得知，塔克拉玛干地区在公元零年前后，16世纪及19世纪初期都比今天湿润。从全部有关历史文献图集分析判断中也可以得到这样的推论，克里雅河在公元零年前后横穿塔克拉玛干沙漠并汇入塔里木河，类似的情况可能也在16世纪及19世纪初期出现过。在其他时期都与目前一样，克里雅河未汇入塔里木河，就已在沙漠中断流。

与我国其他沙漠比较可知，克里雅河流域（塔克拉玛干沙漠）的沙丘沙粒最细。并且位于南北回归线附近沙漠沙丘的沙粒，总的来讲比我国北方沙漠的沙粒粗。这反映了热冷沙漠的不同。我国沙漠属于冷沙漠类型，与非洲的热沙漠形成明显的对照。阿尔及利亚撒哈拉区沙丘丘顶沙的平均粒径为 0.251 毫米（BESLER）。哈根顿（HAGEDORN）的研究也表明，乍得新月形沙丘几乎全由石英沙组成，多半颗粒的粒径都超过 0.2 毫米，粉沙含量少于 0.1%。纳米布沙漠的沙丘沙的平均粒径为 0.225 毫米（BESLER）。在阿拉伯联合酋长国鲁卜哈利沙漠区沙的平均粒径为 0.177 毫米（BESLER）。从以上分析可知，沙粒大小在很大程度上取决于寒冻风化作用的有无及强弱，因为寒冻风化致使沙粒破碎。

重矿物分析资料反映出，在我国沙漠的沙丘中，重矿物的含量由西向东减少。在塔克拉玛干和巴丹吉林沙漠，沙丘沙的重矿物组合成分以不稳定矿物及较稳定矿物为主。在重矿物中，不稳定矿物和较稳定矿物的百分含量也反映出从我国沙漠西部到东部逐渐减少的趋势。这是因为化学风化作用在我国由西往东增强，降雨量由东往西减少。对重矿物分析中同时也发现，我国沙漠的沙粒中重矿物的含量明显高于位于回归线附近的沙漠沙中的重矿物含量。况且在重矿物组合方面，我国沙漠的沙也明显有别于非洲沙漠的沙。在尼日尔沙丘的沙中，易风化矿物的含量很少，而且几乎缺失角闪石和石榴石，在所有样品中锆石占主导地位，电气石、金红石、锐钛矿、十字石及绿帘石的含量依次递减。这表明，在比较高的温度条件下，风化作用较强。

颗粒的磨圆度及颗粒表面微结构在不同沙漠也不相同。帕胡（PACHUR）及库克（COQUE）和根特勒（GENTELLE）等的研究表明，撒哈拉沙漠沙粒的磨圆程度高，颗粒表面有许多风力作用的痕迹。在表面微结构及颗粒磨圆度方面，巴丹吉林沙漠的沙与撒哈拉沙漠的沙粒相似，这可以解释为，颗粒磨圆度取决于地狱营力作用的方式和时间尺度，在风力作用下，沙粒在所有沙漠都可以被磨圆、磨光。因此可以推断，涉及到沙粒的磨圆度及表面微结构时，冷热沙漠之间不存在原则上的差异，所出现的沙漠间的不同反映了各个沙漠及其沙粒所经历的独特的历史发展过程。

9 Literaturverzeichnis

ABDUL-SALAM, A. (1966): Morphologische Studien in der Syrischen Wüste und dem Antilibanon. - Berliner Geogr. Abh. **3**. 55 S.

ARCHÄOLOGISCHE GRUPPE, XINJIANG (NATIONALITÄTSINSTITUT) (1965): Alte Ruinen in Kalayuergun, Landkreis Akesu. - Kurze Mitteilung der Forschungen, No. 1. Beijing.** [17]

ARCHÄOLOGISCHES INSTITUT, AKADEMIE DER GEITESWISSENSCHAFTEN (1983): 30 Jahre Archäologie in Xinjiang. 665 S. Wulumuqi.**

BAGNOLD, R. A. (1941): The physics of blown sand and desert dunes, London, Nachdruck 1984, mehrere Aufl. bzw. Neudruck, 265 S.

BAGNOLD, R. A. (1951): Sand formations in southern Arabia. - Geogr. J. **117**: 78-88. London.

BESLER, H. (1980): Die Dünen-Namib: Entstehung und Dynamik eines Ergs. - Stuttgarter Geogr. Stud. **96**. 241 S.

BESLER, H. (1982): The north-eastern Rub' al Khālī within the borders of the United Arab Emirates - Z. Geomorph. N. F. **26**: 495-504.

BESLER, H. (1983): The response diagram: distinction between aeolian mobility and stability of sands and aeolian residuals by grain size parameters. - Z. Geomorph. N.F., Suppl.-Bd. **45**: 287-301.

BESLER, H. (1984): The tropical easterly jet as a cause for intensified aridity in the Sahara. In: Coetzee J. A. & Van Zinderen Bakker SR (Ed.): Palaeoecology of Africa and the surrounding islands **16**: 163-172. Rotterdam.

BESLER, H. (1984)a: Verschiedene Typen von Reg, Dünen und kleinen Ergs in der algerischen Sahara. - Erde **115**: 47-79.

BESLER, H. (1987): Windschliffe und Windkanter in der westlichen Zentral-Sahara. In: J. A. Coetzee (Ed.): Palaeoecology of Afrika and the surrounding islands **18**: 217-228. Rotterdam/Brookfield.

BESLER, H. (1989): Dünenstudien am Nordrand des Großen Östlichen Erg in Tunesien. - Stuttgarter Geogr. Stud. **100**: 221-246.

BESLER, H. (1989)a: Untersuchungen zur äolischen Dynamik im Ténéré (Republik Niger). - Z. Geomorph. N.F., Suppl.-Bd.**74**: 1-12.

BESLER, H. (1991): The Keriya Dunes: first results of sedimentological analysis. - Erde **Erg.-H.6**: 169-190.

BÜDEL, J. (1963): Klima-genetische Geomorphologie. - Geogr. Rundsch. **15**: 269-285.

BÜDEL, J. (1981): Klima-Geomorphologie, 2. Aufl., Berlin/Stuttgart, 304 S.

---

[17] ** chinesisch;

* in Chinese with English abstract

CAILLEUX, A. (1952): Morphoskopische Analyse der Geschiebe und Sandkörner und ihre Bedeutung für die Paläoklimatologie - Geol. Rundsch. **40**: 11 - 19.

CHEN BINHAO (1983): Über den Schutz der Pappelwälder als wertvolle Ressourcen. - J. Desert Research **3**(4): 27-29; Lanzhou.**

CHEN GUANGTING ET AL. (1987): Rational utilization of resources and rehabilitation of land desertification in Mangkeng Village, Yulin. - J. Desert Research **7**(1): 34-42. Lanzhou.*

CHEN LUNHEN ET AL. (1986): Landressourcen und ihre rationalen Nutzungen im Unterlauf des Hei-He, Ejina, Innere Mongolei. Institut für Wüstenforschungen der Academia Sinica, Lanzhou. 60 S.**

CHEN YUNZUN (1983): Primäre Untersuchungen über das äolisch - sandige Relief auf der Hulunbaier Hochebene. - Geogr. Abh. **13**: 73-86. Beijing.**

CHENG HESHENG (1991): The change of eco-environment and the rational utilization of water resources in the Keriya River Valley. - Erde **Erg.-H.6**: 133-147.

COOKE, R. U. & WARREN, A. (1973): Geomorphology in Deserts. London. 394 S.

COQUE R. & GENTELLE P. (1991): Desertification along the Piedmont of the Kunlun Chain (Hetian-Yutian sector) and the southern border of the Taklamakan desert (China): preliminary geomorphological observations (1). - revue de géomorphologie dynamique XL^eN^0 **1-1991**: 1-27.

CROOK, K. A. W. (1968): Weathering and roundness of quartz sand grains - Sedimentology **11**: 171 - 182.

DAI FENGNIAN (1986): Resarch on the features of surface micro-structure of arenaceous quartz. - J. Desert Research **6**(3): 20-28. Lanzhou.*

DAVIS, W. M. (1905): The geographical cycle in an arid climate. - J. Geol. **13**(5): 381-407.

DE TERRA, H. (1930): Zum Problem der Austrocknung des westlichen Innerasiens. - Z. Ges. Erdk. Berlin **65**: 161-177.

DOMRÖS, M. & PENG GONGBING (1988): The climate of China. Berlin/Heidelberg. 361 S.

DUNG GUANGYUN ET AL. (1988): Probleme und Ursachen der Entstehung und der Entwicklung der Maowusu Wüste. - Chinesische Wissenschaften (Zhong Gue Ke Xiu), Reihe B **6**: 633-642. Beijing.**

FELIX-HENNINGSEN, P. (1984): Zur Relief- und Bodenentwicklung der Goz-Zone Nordkordofans im Sudan. - Z. Geomorph. N. F. **28**(3): 285-303.

FOLK, R. L. & WARD, W. C. (1957): Brazos River Bar: a study on the significance of grain size parameters - J. Sedim. Petrol. **27**(1): 3-26.

FRIEDMAN, G. M. (1961): Distiction between dune, beach and river sands from their textural characteristics. - J. Sedim. Petrol. **31**: 514-529.

GAO LIMING & GUAN YONGQIANG : Liebe Ejina. Ejina 1988. 184 S.**

GAO SHANGYU ET AL. (1985): Migration and accumulation of chemical elements in the quaternary strata of the Salawusu River area in relation to climatic evolution. - Geochimica No.3: 269-276. Beijing.*

GAO YOUXI (1978): Fortschritte der meteorologischen Forschungen auf dem Qinghai-Xizang Plateau. überreicht am Gansu Meteorologentag 1978. Lanzhou.**

GEN KUANHONG (1986): Klimate der chinesischen Sandgebiete. Beijing. 230 S.**

GEOLOGISCHES INSTITUT, ACADEMIA SINICA (1959): Überblick über die Tektonik Chinas. Beijing.**

GROVE, A. T. (1969): Landforms and climatic change in the Kalahari and Ngamiland. - Geogr. J. **135**: 191-212. London.

GRUSCHKE A. (1991): Neulanderschließung in den Trockengebieten der Volksrepublik China. - Geogr. Rundsch. **43**(11): 672-680.

GUO SHAOLI ET AL. (1982): Use of the catastrophe theory model to study on the process of desertification - An example of sand land of northeast China. - Acta Geographica Sinica **37**(2): 183-193. Beijing.*

HAGEDORN, H. (1968): Über äolische Abtragung und Formung in der SE-Sahara. Ein Beitrag zur Gliederung der Oberflächenformen in der Wüste. Erdk. **22**: 257-269.

HAGEDORN, H. (1971): Untersuchungen über Relieftypen arider Räume an Beispielen aus dem Tibesti-Gebirge und seiner Umgebung. - Z. Geomorph. N.F., Suppl.-Bd. **11**. 251 S.

HAGEDORN, H. (1979): Zum Problem der inneren Gliederung der Wüsten. - Stuttgarter Geogr. Stud. (Festschrift für Wolfgang Meckelein) **93**: 47-52.

HAGEDORN, H. (1990): Beobachtungen über Paläowindrichtungen bei Faya im Borkou-Bergland (Tschad). - Berliner Geogr. Stud. **30**: 235-246.

HAN CHIN (1980): On the deterioration of water quality and its control after large-scale reclamation in the Tarim Basin. - Acta Geographica Sinica **35**(3): 219-231. Beijing.*

HAN SHUTI (1987): Enviromental evolution of holocene epoch and its exploitation in several areas of Xinjiang. - J. Desert Research **7**(4): 34-41. Lanzhou.*

HEDIN, S. (1899): Durch Asiens Wüsten. Bd 1, 512 S. Bd 2, 496 S. Leipzig.

HEDIN, S. (1903): Im Herzen von Asien. Bd 1, 559 S. Bd 2, 570 S. Leipzig.

HEDIN, S. (1904): Scientific results of a journey in Central Asia 1899 - 1902. - Vol. I: The Tarim river. Stockholm. 523 S.

HEDIN, S. (1930): Auf großer Fahrt: Meine Expedition mit Schweden, Deutschen und Chinesen durch die Wüste Gobi 1927 - 28. 6. Aufl., Leipzig, 347 S.

HEDIN, S. (1931): Rätsel der Gobi: Die Fortsetzung der großen Fahrt durch Innerasien in den Jahren 1928 - 1930. Leipzig, 335 S.

HEINE, K. (1987): Jungquartäre fluviale Geomorphodynamik in der Namib, Südwestafrika/Namibia. - Z. Geomorph. N.F., Suppl.-Bd. **66**: 113-134.

HEINE, K. (1990): Klimaschwankungen und klimagenetische Geomorphologie am Beispiel der Namib. - Berliner Geogr. Stud. **30**: 221-234.

HOU XIUYI ET AL. (1982): Vegetationskarte Chinas. Beijing.**

HÖVERMANN, J. (1963): Vorläufiger Bericht über eine Forschungsreise ins Tibesti-Massiv. - Erde **94**: 126-135.

HÖVERMANN, J. (1965): Hans Mortensen in memoriam. - Z. Geomorph. N.F.**9**: 1-15.

HÖVERMANN, J. (1965)a: 40 Jahre moderne Geomorphologie. In: Hans-Mortensen-Gedenksitzung. - Göttinger Geogr. Abh. **34**: 11-19.

HÖVERMANN, J. (1967): Die wissenschaftlichen Arbeiten der Station Bardai im ersten Arbeitsjahr (1964/65). - Arbeitsber. aus der Station Bardai (Tibesti). - Berliner Geogr. Abh. **5**: 7-10.

HÖVERMANN, J. (1972): Die periglaziale Region des Tibesti und ihr Verhältnis zu angrenzenden Formungsregionen. - Göttinger Geogr. Abh. (Poser-Festschr.) **60**: 261-283.

HÖVERMANN, J. (1982): Geomorphological landscapes and their development. - Sitzungsberichte u. Mitt. d. Braunschweigischen Wiss. Ges., Sonderheft **6**: 43-47.

HÖVERMANN, J. (1985): Das System der klimatischen Geomorphologie auf landschaftskundlicher Grundlage. - Z. Geomorph. N.F., Suppl.- Bd. **56**: 143 - 153.

HÖVERMANN, J. (1987): Morphogenetic Regions in Northeast Xizang (Tibet). - In: J. HÖVERMANN & WANG Wenying (Eds.): Reports of the Qinghai-Xizang (Tibet) Plateau: 112-139. Beijing.

HÖVERMANN, J. (1988): Die 1. Chinesisch-Deutsche Kuen-Luen-Taklamakan-Expedition. - in: Braunschweigische wiss. Ges.: Jahrbuch 1988, 11-16.

HÖVERMANN, J. (1988)a: The Sahara, Kalahari and Namib-Deserts: a geomorphological comparison. in: DARDIS, G. F. & MOON, B. P. : Geomorphological Studies in Southern Africa. Rotterdam. 71-83.

HÖVERMANN, J. & HAGEDORN, H. (1983): Klimatisch-geomorphologische Landschaftstypen. - 44. Dt. Geographentag Münster. Tagungsbericht u. wiss. Abh., Stuttgart 1984: 460-466.

HÖVERMANN, J. & HÖVERMANN, E. (1991): Pleistocene and Holocene geomorphological features between the Kunlun Mountains and the Taklamakan Desert. - Erde **Erg.-H.6**: 51-72.

HÖVERMANN, J. & SÜSSENBERGER, H. (1986): Zur Klimageschichte Hoch- und Ostasiens - Berliner geogr. Studien Bd **20**: 173-186.

HUANG WENBI (1958): Notizen der archäologischen Untersuchungen im Tarimbekken. Beijing.**

HUANG XINGZHEN & PAN ZHONGHAI (1981): Applying granularity datum to research for the eolian sand characteristic in the southwestern part of Maowusu. - Acta geographica sinica **36**(1): 70-78. Beijing.*

HUANG ZHAOHUA & SONG BINGKUI (1982): The utilization and improvement of pasture in the Ordos region. - Mem. of Institute of Desert, Academia Sinica, Lanzhou, China **1**: 19-38. Beijing.**

IMHOF, E. (1965): Kartographische Geländedarstellung. Berlin. 425 S.

INMAN, D. L. (1952): Measures for describing the size and distribution of sediments. J. Sedim. Petrol. **22**: 125-145.

INSTITUT FÜR HYDROGEOLOGIE UND INGENIEURGEOLOGIE, PEKING (1979): Der hydrologische Atlas der VR China.**

INSTITUTE OF GEOGRAPHY, ACADEMIA SINICA (Hrsg. 1983): Atlas of false colour Landsat Images of China 1 : 500 000. Vol. I - III. Peking.

JÄKEL, D. (1971): Erosion und Akkumulation im Enneri Bardagué-Arayé des Tibesti-Gebirges (zentrale Sahara) während des Pleistozäns und Holozäns. - Berliner Geogr. Abh. **10**. 55 S.

JÄKEL, D. (1978): Eine Klimakurve für die Zentralsahara. In: Museen der Stadt Köln: Sahara 10 000 Jahre zwischen Weide und Wüste. - Handbuch zu einer Ausstellung: 382-396. Köln.

JÄKEL, D. (1980): Die Bildung von Barchanen in Faya-Largeau/Rep. du Tchad. - Z. Geomorph.N.F. **24**(2): 141-159.

JÄKEL, D. (1989): Die Wüsten Chinas. - 47. Dt. Geographentag Saarbrücken. Tagungsbericht u. wiss. Abh., Stuttgart 1990: 118-122.

JÄKEL, D. (1991): Ripples: the initial stage of dune development. Observation on dune formation in the Taklimakan Desert and wind-tunnel experiments at the Lanzhou Institute of Desert Research (Academia Sinica). - Erde **Erg.-H.6**: 169-190.

JI GUANSHENG (1989): Vorläufiger Plan zur wirtschaftlichen Entwicklung des Taklamakan Gebiets. Vortragsmanuskript überreicht am Symposion - Schlüsselressourcen der Flußoasen am Nord- und Südrand der Takelamagan - Wiederbegrünung versus Desertifikation — Universität Trier, Nov. 1989. 11 S.

KING W. J. H. (1918): Study of a dune belt. - Geogr. J. **51**: 16-33. London.

KLAER W. (1956): Verwitterungsformen im Granit auf Korsika. 146 S.

KOMMISSION FÜR NATURRAUMGLIEDERUNG IN CHINA, ACADEMIA SINICA (1959): Komplexe Naturraumgliederungen Chinas (Primäres Manuskript). Beijing.**

KOMMISSION FÜR NATURRAUMGLIEDERUNG IN CHINA, ACADEMIA SINICA (1959)a: Naturraumgliederung Chinas (Klima). Beijing.**

KÖPPEN, W. (1923) (1. Auf.) (1931) (2. Auf.): Grundriß der Klimakunde. Berlin. 388 S.

KRINSLEY, D. H. & DOORNKAMP, J. C. (1973): Atlas of Quartz Surface Textures. Cambridge. 91 S.

KRUMBEIN, W. C. (1934): Size frequency distribution of sediments. - J. Sedim. Petrol. **4**: 65-77.

KRUMBEIN, W. C. (1936): The use of quartile measures in describing and comparing sediments. - American J. Sci. **188**: 98-111.

KRUMBEIN, W. C. (1936)a: Application of logarithmic moments to size frequency distribution of sediments. - J. Sedim. Petrol. **6**: 35-47.

LI BAOSHENG ET AL. (1986): Eolian sand of the Pulu Area and the vicisstudes southern border of Takelamakan Desert in Sinkiang. - J. Desert Research **6**(4): 39-46. Lanzhou.*

LI BAOSHENG ET AL. (1986)a: Preliminary observation and research on the loess in the north piedmont of the Kunlun Mountains south of Pulu, Xinjiang. - Geologist Comment **35**(5): 423-429. Beijing. *

LI BAOSHENG ET AL. (1988): Die primäre Untersuchung über das Pulu-Sandbergprofil am Südrand der Takelamagan-Wüste. - Wissenschaftliche Mitteilungen No.2: 140-143. Beijing.**

LI BAOSHENG ET AL. (1988)a: Analysis and discussion on the grain size of the quaternary strata profile in Yulin area of the northern Shaanxi. - Acta Geographica Sinica **43**(2): 127-133. Beijing.*

LI BAOXIN & ZHAO YUNCHANG (1964): Grundwasserbedingungen im Tarimbecken. - Forschung zur Wüstenkontrollierung **6**: 131-213. Beijing.**

LI JIJUN ET AL. (1979): Erörterungen über die Hebungszeit, -amplitude und -form des Qinghai-Xizang Plateaus. - Scientia Sinica **22**(6): 608-616. Beijing.**

LING YUQUAN (1988): The flow field characteristics and its relation to the intensity of drifting sand activity in Taklimakan desert. - J. Desert Research **8**(2): 25-37. Lanzhou.*

LING YUQUAN ET AL. (1980): Experimention on the dynamic photography of the movement of sand-driving wind. - Acta Geographica Sinica **35**(2): 174-181. Beijing.*

LIU TUNGSHENG ET AL. (1985): Loess and the environment. Beijing. 251 S.

LOUIS, H, & FISCHER, K. (1979): Allgemeine Geomorphologie, 4. erneu. u. erweit. Aufl., Berlin, New York. 814 S.

LU TUNMAO (1963): Geomorphologische Charakteristiken im Südosten der Badanjilin-Wüste und im Nordwestrand der Tenggeli Wüste und Nutzung beider Wüsten. - Geographisches Institut Guangzhou, Academia Sinica, 35 S.**

LU TUNMAO ET AL. (1962): Entstehung und Nutzung der Wüste im Gebiet zwischen Mingqing (Gansu) und Badanjilinmiao. - Forschung zur Wüstenkontrollierung **3**. Beijing.**

LU YANCHOU ET AL. (1976): A preliminary discussion on the source of loessic materials in China - A study of the surface textures of silt quartz grains by transmission electron microscope. - Geochimica, No. 1: 47-53. Beijing.*

MAINGUET, M. & CHEMIN, M. - C. (1983): Sand seas of the Sahara and Sahel: an explanation of their thickness and sand dune type by the sand budget principle. - Developments sedim. **38**: 353-363.

MANABE S. & TERPSTRA T. B. (1974): The effects of mountains on the general circulation of the atmosphere as identified by numerical experiments. - J. Atmos. Sci. **31**(1): 3-42.

McCAMMON, C. R. (1962): Efficiencies of percentile measures for describing the mean size and sorting of sedimentary particles. - J. Geol. **70**: 453-465.

McGINNIES, W. G. ET AL. (1968): Deserts of the World. Tucson. 788 S.

McKEE, E. D. (1966): Structure of dunes at White Sands National Monument, New Mexico. - Sedimentology **7**(1), 69 S.

MECKELEIN, W. (1959): Forschungen in der zentralen Sahara. 1. Klimamorphologie. Braunschweig. 181 S.

MECKELEIN, W. (1988): Naturbedingte und anthropogen bedingte Morphodynamik am Beispiel der innerasiatischen Trockengebiete Chinas. - Abh. Akademie Wiss. Göttingen, Math.-Phys. Kl., dritte Folge, **41**: 328-343.

MENSCHING, H. G. (1969): Bergfußflächen und das System der Flächenbildung in den ariden Subtropen und Tropen. - Geol. Rundsch. **58**: 62-82.

MENSCHING, H. G. (1978): Inselberge, Pedimente und Rumpfflächen im Sudan (Republik) - Ein Beitrag zur morphogenetischen Sequenz in den ariden Subtropen und Tropen Afrikas. - Z. Geomorph. N. F., Suppl.-Bd. **30**: 1-19.

MENSCHING, H. G. (1979): Beobachtungen und Bemerkungen zum alten Dünengürtel der Sahelzone südlich der Sahara als paläoklimatischer Anzeiger. - Stuttg. Geogr. Stud. **93**: 67-78.

MENSCHING, H. G. (1980): Breitet sich die Wüste aus ? - Desertifikation in der Sahelzone Afrikas. - Geoökodynamik **1**: 23-36.

MENSCHING, H. G. (1990): Desertifikation. Wiss. Buchgesells. Darmstadt, 167 S.

MICHEL, P. (1980): Vergleichende Reliefentwicklung in der südlichen Sahara, im Sahel und in Südwest-Afrika. - Tübinger Geogr. Stud. **80** (Festschrift Blume: Trockengebiete): 95-111.

MORTENSEN, H. (1927): Der Formenschatz der nordchilenischen Wüste. - Abh. Ges. Wiss. Göttingen, Math.-Phys. Kl. **12**. 191 S.

MORTENSEN, H. (1933): Die „Salzsprengung" und ihre Bedeutung für die regionalklimatische Gliederung der Wüsten. - Petermanns Geogr. Mitt. **79**: 130-135.

NORIN, E. (1932): Quaternary climatic changes within the Tarim Basin. - Geogr. Review **22**: 591-598.

NORIN, E. (1980): Sven Hedin central asia atlas, Memoir on Maps. Vol. III, Fasc. 3; Stockholm.

OTTO, G. H. (1939): A modified logarithmic probability graph for the interpretation of mechanical analyses of sediments. - J. Sedim. Petrol. **9**: 62-79.

PACHUR, H. J. (1966): Untersuchungen zur morphoskopischen Sandanalyse - Berliner Geogr. Abh. **4**. 35 S.

PACHUR, H. J. & RÖPER H. P. (1984): Die Bedeutung paläoklimatischer Befunde aus den Flachbereichen der östlichen Sahara und des nördlichen Sudan. - Z. Geomorph. N.F., Suppl.-Bd. **50**: 59-78.

PENG BUZHUE & NI SHAOXIANG (1980): Physiographische Höhenstufen im Tuomur-Gebirge des Tian-Shan. - Bulletin der Universität Nanjing (Naturwissenschaft) **4**: 131-148. Nanjing.**

PFEIFFER, L. (1991): Schwermineralanalysen an Dünensanden aus Trockengebieten mit Beispielen aus Südsahara, Sahel und Sudan sowie der Namib und der Taklamakan. - Bonner Geogr. Abh. **83**. 235 S.

POLDERVAART, A. (1957): Kalahari sands. Proc. 3. Panafrican Congr. on Prehist. Livingstone 1955. London. 106-114.

PYRITZ, E. (1972): Binnendünen und Flugsandebenen im Niedersächsischen Tiefland. - Göttinger Geogr. Abh. **61**. 153 S.

REIMER, L. & PFEFFERKORN, G. (1977): Raster-Elektronenmikroskopie. 2. neubearb. u. erw. Aufl. Berlin.

REINERCK, H. E. & SINGH, I. B. (1973): Depositional Sedimentary Environments. Berlin/New York.

REN JISHUN ET AL. (1981): Geotektonik und ihre Entwicklungen in China. Beijing.**

REN MEIE ET AL. (1982): Physiogeographischer Überblick Chinas. 412 S. Beijing.**

RÖGNER, K.-J. (1989): Geomorphologische Untersuchungen in Negev und Sinai. - Paderborner Geogr. Stud. **1**. 258 S.

ROGNON, P. (1976a): Les oscillations du climat saharien depuis 40 millénaires - Introduction à un vieux débat. Rev. Géol.dyn., Série 2, **18**, 2-3, 147-156.

ROGNON, P. (1976b): Essai d'interprétation des variations climatiques au Sahara depuis 40 000 ans. Rev. Géol.dyn., Série 2, **18**, 2-3, 251-282.

RUNGE J. (1990): Morphogenese und Morphodynamik in Nord-Togo (9^0-11^0 N) unter dem Einfluss spätquartären Klimawandels. - Göttinger Geogr. Abh. **90**. 116 S.

SCHOMBERG, R. C. F. (1929): River changes in the eastern Tarim Basin. - Geogr. J. **74**: 574-576.

SEUFFERT, O. (1969): Klimatische und nichtklimatische Faktoren der Fußflächenentwicklung im Bereich der Gebirgsvorländer und Grabenregionen Sardiniens. - Geol. Rundsch. **58**: 98-112.

SHI MING & LUI YUHUA (1983): Forstwirtschaft in Xinjiang No.5. Wulumuqi.**

SHI YAFENG (Chief Editor, 1988): Map of snow, ice and frozen ground in China; 1 : 4 000 000. First Edition in Hebei; ISBN 7-5031-0186-5/s.2.

SONG JINGXI (1987): Heavy mineral composition texture and sources of blownsands in Beijing Region - J. Desert Research **7**(1): 24-33. Lanzhou.*

SPÖNEMANN, J. (1974): Studien zur Morphogenese und rezenten Morphodynamik im mittleren Ostafrika. Göttinger Geogr. Abh. **62**. 92 S.

TAN JIANAN (1964): The region types of the Alashan desert in Inner Mongolia. - Geogr. Abh. **8**: 1-31. Beijing.**

THOMAS, D. S. G. (1986): Arid geomorphology. - Progr. Phys. Geogr. **10**: 421-428.

TIAN YUZHAO (1988): Tugayi in the delta in the lower reaches of the Keriya River - A natural complex reflecting ecological degradation. - J. Desert Research **8**(2): 11-24. Lanzhou.*

TRINKLER, E. (1930): Tarimbecken und Takela-makan-Wüste. - Z. Ges. Erdk. Berlin **65**: 350-360.

UNTERSUCHUNGSTEAM IN XINJIANG, ACADEMIA SINICA (1978): Relief Xinjiangs. Beijing. **

VERSTAPPEN, H. TH. (1968): On the origin of longitudinal (Seif) dunes. - Z. Geomorph. N. F.**12**: 200-219.

VISHER, G. S. (1969): Grain-size distributions and depositional processes. - J. Sedim. Petrol. **39**(3): 1074-1106.

VÖLKEL, J. (1987): Geomorphologische und pedologische Untersuchungen in Dünengebieten der Südsahara und des Sahel der Republic Niger. - Göttinger Geogr. Abh. **84**: 109-125.

WALGER, E. (1964): Zur Darstellung von Korngrößenverteilungen. - Geol. Rundsch. **54**(2): 976-1002.

WALTER, H. (1968): Die Vegetation der Erde, Bd II. 1001 S. Stuttgart.

WALTHER J. (1924): Das Gesetz der Wüstenbildung. 4. neube. Aufl., 421 S. Leipzig.

WANG BINHUA (1985): Ruine Lulan. - Forschungen zur Geschichte Xinjiangs No. 2: 119. Wulumuqi.**

WANG JINGTAI (1981): Glaziale Sedimente im Quellgebiet des Wulumuqi-He im Tian-Shan. - Glaciology & Geocryology **3**. Lanzhou.**

WANG KAIFA (1981): Die Pollenzusammensetzung in Caiwebao (Wulumuqi, Xinjiang). - Bulletin der Universität Xinjiang No. 3.**

WANG SHOUCHUNG (1988): Die Veränderungen der Umweltbedingungen im Tarimbecken in historischer Zeit. - Geogr. Abh. **18**: 99-114. Beijing.**

WANG TINGMEI & BAO YUNYIN (1964): Die Korngrößenanalyse der Lösse im Mittelbereich des Huang-He. - Probleme der quartären Geologie. Beijing.**

WANG YUNNIAN & TEN ZIHUN (1982): Untersuchungen der Mikrostrukturen und deren zeitliche und regionale Veränderungen bei chinesischen Lössen mit Hilfe von Elektronenmikroskopen. - Wissenschaftliche Mitteilungen No. 2: 102-105. Beijing.**

WASSON, R. J. (1983): The Cainozoic history of the Strzelecki and Simpson dunefields (Australia), and the origin of the desert dunes. - Z. Geomorph. N.F., Suppl.-Bd.**45**: 85-115.

WATER AND LAND RESOURCES INVESTIGATION TEAM OF HEI-HE BASIN (1987): The case study of rational development and utilization problems of water resources in the Hei-He river basin. - J. Desert Research **7**(4): 12-22. Lanzhou.*

WEN QIZHONG ET AL. (1964): Some geochemical problems of the loess in the middle reaches of the Huang-He. - The problems of Quaternary Geology. S.111-125. Beijing.**

WEN QIZHONG & ZHEN HUNHAN (1988): Die Klima- und Umweltveränderungen seit dem Spätpleistozän im nördlichen Xinjiang. - Wissenschaftliche Mitteilungen. No.11: 771-774. Beijing.**

WILHELMY H. (1981): Klimamorphologie der Massengesteine. Wiesbaden.

WILSON, I. G. (1971): Desert sandflow basins and a model for the development of Ergs. - Geogr. J. **137**: 180-199.

WU ZHENG (1981): Approach to the genesis of the Taklamakan desert. - Acta Geographica Sinica **36**(3): 280-291. Beijing.*

WU ZHENG (1987): Flugsandgeomorphologie. Beijing. 316 S.**

XI GUOJING (1985): Untersuchungen zur Flußsystemveränderung im Unterlauf des Tarim-He in den letzten 200 Jahren. - Arid Land Geography **8**(1): 57-68. Wulumuqi.**

XIE BIN (1921): Reiseerlebnisse in Xinjiang. Shanghai.**

XIE YOUYU & CUI ZHIJIU (1981): Some surfacial characteristics of till quartz sand in China under electronic scanning microscope. - Glaciology Geocryology **3**(2): 52-55. Lanzhou.*

XU JUNMING (1965): Über die Herkunft der Dünensande im Sandgebiet östlich von Huang-He (Ningxia). - Acta Geographica Sinica **31**(2): 142-155.**

YAALON, D. H. (1963): On the origin and accumulation of salts in groundwater and soils of Israel. - BRCI **11**: 105-131.

YANG GENSHENG ET AL. (1987): Discussion on blownsands along the bank of Yellow River from Beichangtan to Hequ, Shanxi. - J. Desert Research **7**(1): 43-55. Lanzhou.*

YANG HUA (1983): Das geomagnetische Feld und das Öl- und Gasreservoir im Tarimbecken. In: ZHU Xia (Hrsg.): Kanäozoische Beckentektonik und ihre Veränderungen in China. Beijing. 212-219.**

YANG LIPU (Hrsg, 1987): Überblick über die Naturraumgliederung in Xinjiang. Beijing; 91 S.**

YE DUOZHEN & GAO YOUXI (1979): Meteorologie des Qinghai-Xizang Plateaus. Beijing.**

YU SHOUZHONG ET AL. (1962): Untersuchungen im Gebiet der westlichen Inneren Mongolei und der Badanjilin-Wüste. - Forschungen zur Wüstenkontrollierung **3**.**

ZHANG DEER (1984): Synoptic-climatic studies of dust fall in China since historic times. - Scientia Sinica. Serie B. **27**(8): 825-836.

ZHANG JIACHENG & LIN ZHIQUANG (1985): Das Klima Chinas. Shanghai. 603 S.**

ZHAO SONGQIAO & XIA XONGCHEN (1984): Evolution of the Lop Desert and the Lop Nor. - Geogr. J. **150**(3): 311-321.

ZHAO XITAO (1975): Erörterungen über die jüngere Hebung der Himalaya-Gebirge. - Scientia Geologica Sinica, No. 3: 243-251. Beijing.**

ZHENG DAXIAN & SPÖNEMANN, J. (1989): Terrain classification from Landsat data as an approach to land evaluation: an example of the Ordos Plateau, Inner Mongolia. Institute of Geography, University of Göttingen. 12 S.

ZHENG ZHAOCHANG ET AL. (1982): Stratigraphischer Überblick über das Badanjilin Gebiet, Innere Mongolei. - J. Stratigraphy **6**(3): 225-230. Beijing.**

ZHONG DECAI (1986): Primary study on the formation and evolution of the deserts in Tsaidam Basin. - Memoirs of Institue of Desert, Academia Sinica, Lanzhou, China **3**: 124-136. Beijing.*

ZHOU TINGRU (1963): Die Haupttypen der quartären Kontinentalsedimente in Xinjiang und ihre Zusammenhänge mit den Entwicklungen des Reliefs und des Klimas. Acta Geographica Sinica **29**(2): 109-129.**

ZHU ZHENDA (1960): Die natürlichen Charakteristika der Wüste im Tarimbecken. - Geogr. Kenntnis **11**(4): 152-156. Beijing. **

ZHU ZHENDA (1962): Forschungen über einige Charakteristiken der Entstehung der Flugsandmorphologie mit Hilfe spezieller Experimentmethoden. - Forschungen der Wüstenkontrollierung **4**: 58-78, Beijing.**

ZHU ZHENDA (1963): Primäre Studien über die Dynamik der Dünenwanderungen unter Windeinwirkung. - Geogr. Abh. **5**: 58-78. Beijing.**

ZHU ZHENDA (1984): Aeolian landforms in the Taklimakan Desert. in: Farouk El-Baz (Ed.), Deserts and Arid Lands. The Hague. S.133-143.

ZHU ZHENDA ET AL. (1964): Untersuchungen der Dünenwanderungen in der Nähe der Oasen im südwestlichen Gebiet der Takelamagan-Wüste. - Acta Geographica Sinica **30**(1): 35-49. Beijing.**

ZHU ZHENDA ET AL. (1980): Überblick über die chinesischen Wüsten. erneu. u. erweit. Aufl., Beijing. 107 S.**

ZHU ZHENDA ET AL. (1981): Study on the geomorphology of wind-drift sands in the Takelamakan desert. 110 S. Beijing.**

ZHU ZHENDA ET AL. (1988): Study on formation and development of aeolian landform and trend of environmental change at lower reach of the Keriya River, Taklimakan Desert. - J. Desert Research **8**(2): 1-10. Lanzhou.*

ZHU ZHENDA & LUI SHU (1981): Desertifikationsprozesse und die Gliederung der Bekämpfungsmaßnahmen in Nordchina. Beijing. 83 S.**